THE BASIS OF COMMERCIAL SPACE DESIGN

商业空间设计基础

编著 龙燕 唐茜 郭婷婷 易丽玲

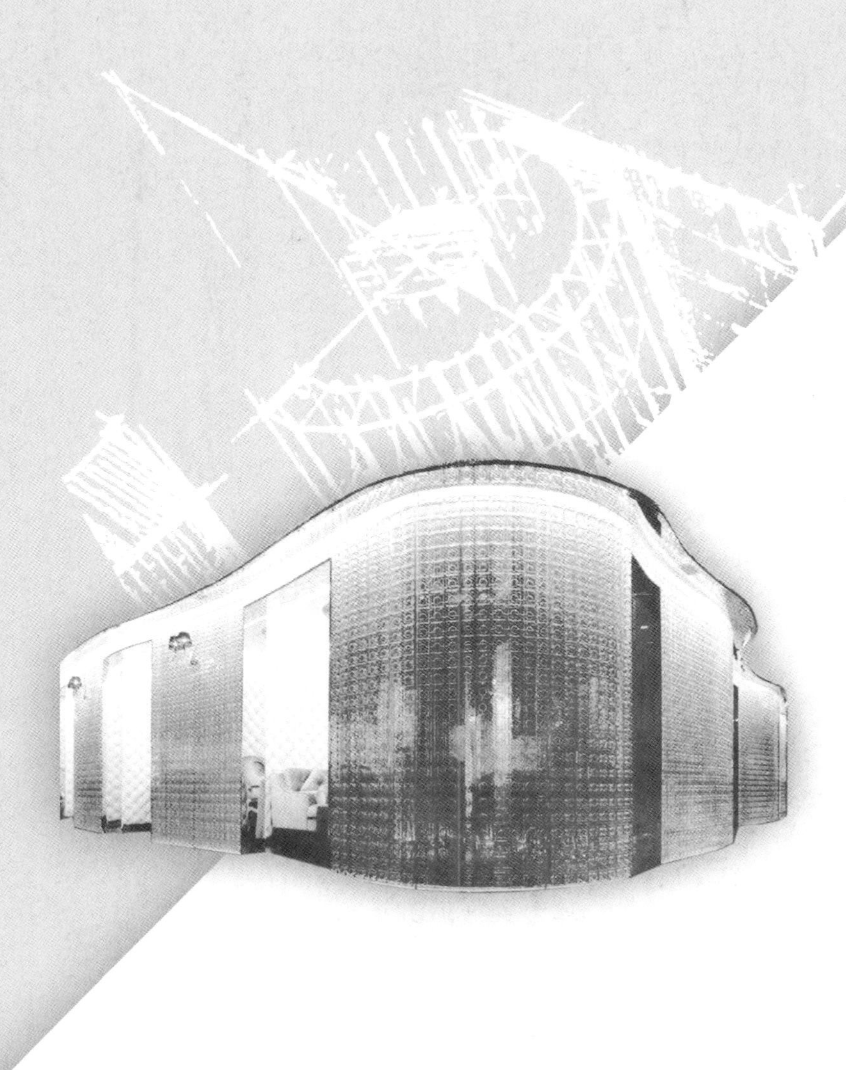

北方联合出版传媒（集团）股份有限公司
辽宁美术出版社

图书在版编目（CIP）数据

商业空间设计基础/龙燕等编著.
—沈阳：北方联合出版传媒（集团）股份有限公司
辽宁美术出版社，2011.2
ISBN 978-7-5314-4698-9

Ⅰ.①商… Ⅱ.①龙… Ⅲ.①商业建筑－室内设计；空间设计 Ⅳ.①TU247

中国版本图书馆CIP数据核字（2011）第009936号

出版发行
北方联合出版传媒（集团）股份有限公司
辽宁美术出版社

地址 沈阳市和平区民族北街29号 邮编：110001
邮箱 lnmscbs@163.com
网址 http://www.lnpgc.com.cn
电话 024-83833008

封面设计 洪小冬 林 枫
版式设计 彭伟哲 薛冰焰 吴 烨 高 桐

经 销
全国新华书店

印刷
辽宁彩色图文印刷有限公司

责任编辑 肇 齐
技术编辑 徐 杰 霍 磊
责任校对 张亚迪
版次 2011年2月第1版 2011年12月第2次印刷
开本 889mm×1194mm 1/16
印张 8.75
字数 220千字
书号 ISBN 978-7-5314-4698-9
定价 54.00元

图书如有印装质量问题请与出版部联系调换
出版部电话 024-23835227

21世纪中国普通高等院校美术·艺术设计专业规划教材

序 >>

「 当我们把美术院校所进行的美术教育当做当代文化景观的一部分时，就不难发现，美术教育如果也能呈现或继续保持良性发展的话，则非要“约束”和“开放”并行不可。所谓约束，指的是从经典出发再造经典，而不是一味地兼收并蓄；开放，则意味着学习研究所必须具备的眼界和姿态。这看似矛盾的两面，其实一起推动着我们的美术教育向着良性和深入演化发展。这里，我们所说的美术教育其实有两个方面的含义：其一，技能的承袭和创造，这可以说是我国现有的教育体制和教学内容的主要部分；其二，则是建立在美学意义上对所谓艺术人生的把握和度量，在学习艺术的规律性技能的同时获得思维的解放，在思维解放的同时求得空前的创造力。由于众所周知的原因，我们的教育往往以前者为主，这并没有错，只是我们更需要做的一方面是将技能性课程进行系统化、当代化的转换；另一方面需要将艺术思维、设计理念等这些由“虚”而“实”体现艺术教育的精髓的东西，融入我们的日常教学和艺术体验之中。

在本套丛书实施以前，出于对美术教育和学生负责的考虑，我们做了一些调查，从中发现，那些内容简单、资料匮乏的图书与少量新颖但专业却难成系统的图书共同占据了学生的阅读视野。而且有意思的是，同一个教师在同一个专业所上的同一门课中，所选用的教材也是五花八门、良莠不齐，由于教师的教学意图难以通过书面教材得以彻底贯彻，因而直接影响到教学质量。

学生的审美和艺术观还没有成熟，再加上缺少统一的专业教材引导，上述情况就很难避免。正是在这个背景下，我们在坚持遵循中国传统基础教育内涵和训练好扎实绘画（当然也包括设计摄影）基本功的同时，向国外先进国家学习借鉴科学的并且灵活的教学方法、教学理念以及对专业学科深入而精微的研究态度，辽宁美术出版社同全国各院校组织专家学者和富有教学经验的精英教师联合编撰出版了《21世纪中国普通高等院校美术·艺术设计专业规划教材》。教材是无度当中的“度”，也是各位专家长年艺术实践和教学经验所凝聚而成的“闪光点”，从这个“点”出发，相信受益者可以到达他们想要抵达的地方。规范性、专业性、前瞻性的教材能起到指路的作用，能使使用者不浪费精力，直取所需要的艺术核心。从这个意义上说，这套教材在国内还是具有填补空白的意义。

21世纪中国普通高等院校美术·艺术设计专业规划教材系列丛书编委会 」

内容简介>>

「　本书作为高等院校环境艺术设计专业教材，力图通过多维的视角，以建筑学、美学、经营管理学、消费心理学、人体工程学为理论基础，对商业空间设计有一个系统的、全面的叙述与展示。

商业空间设计是指用于商业用途的建筑内部空间的设计，如商场、餐饮、专卖店、美容美发店等商业建筑的内部空间。商业空间设计是室内设计课程中具有明确功能要求，同时也要求有不同风格和特色变化的室内设计。除了包含室内设计的基本原理和基本的功能要求外，商业空间设计还包含了更多的功能要求和市场特色。商品的营销、品牌形象的树立，不能只靠商品本身，更需要购物环境的烘托。个性化的商业环境设计已然成为今后发展的趋势。因此，作为商业环境的设计者必须根据社会的发展、人们生活方式和审美需求的变化，设计出具有时代感的商业购物环境。

本书主要内容包括：第一章对商业空间设计相关的理论知识进行系统的、全面的阐述，使读者对商业空间设计有一个整体概念上的理解和认识。第二、三章通过大量实例重点分析百货商场、购物中心、超级市场、专卖店四大类商业环境的艺术设计手法。使学生更透彻地了解商业空间设计的基本原理、基本元素。课程涉及总体设计、平面布局、道具装置、灯光设置、陈设等所有与室内设计相关的内容，并涉及构造、尺度、技术、材料等各个方面的设计。第四章是商业空间设计表现与实践，设计表现效果图是设计师以绘画的形式代替语言进行表达、交流，用图形表达设计意图的重要手段。是每个设计师不可忽视的重要技能之一。本书详细地讲述了手绘效果图与计算机辅助设计的技法与分析，最后通过设计实践部分提高读者的艺术修养和表现技能。

」

目录 contents

教学进程的安排>>

「　商业空间设计课程的安排宗旨是引导学生对商业空间的含义、商业建筑的特性和商业建筑的室内设计等进行研究，对商业空间的分类、造型方法及造型材料与工艺、商业空间设计的实施过程等内容，循序渐进地让学生把握以下几个问题：商业空间的含义及分类，商业空间室内设计中所具备的主要元素，如何用特殊的材质表现商业空间的氛围？其中本课程的学习中对于商业空间室内设计中所具备的主要元素以及如何用这些元素来创造一个极具商业气息的室内空间是教学的重点。

」

第一章　商业空间的概述

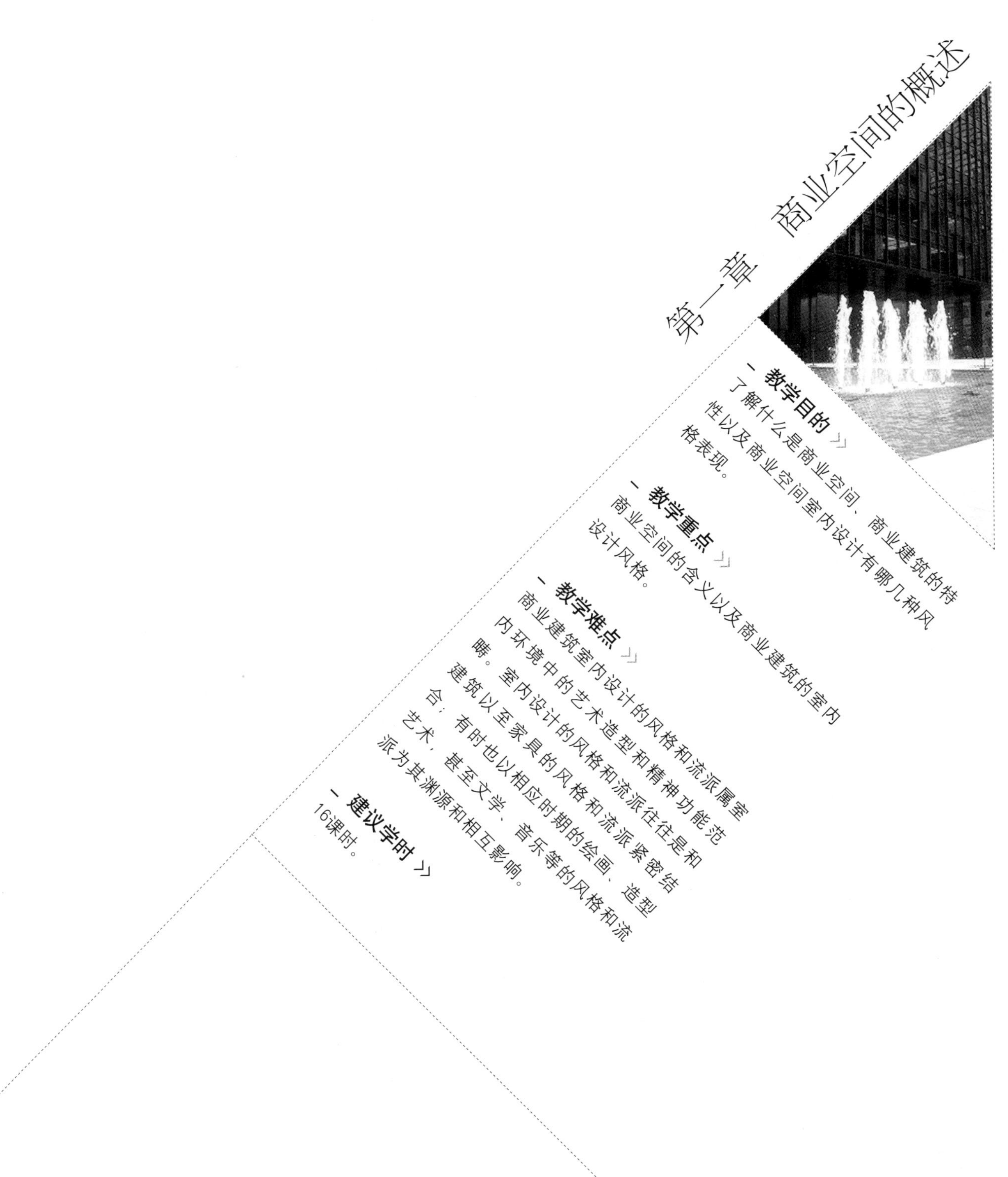

教学目的》

了解什么是商业空间、商业建筑的特性以及商业空间室内设计有哪几种风格表现。

教学重点》

商业空间的含义以及商业建筑的室内设计风格。

教学难点》

商业建筑室内设计的风格和流派属室内环境中的艺术造型和精神功能范畴。室内设计的风格和流派往往是和建筑以至家具的风格和流派紧密结合；有时也以相应时期的绘画、造型艺术，甚至文学、音乐等的风格和流派为其渊源和相互影响。

建议学时》

16课时。

第一章　商业空间的概述

第一节 ///// 商业空间的含义

商业空间是指人们进行各种商业活动的公共场所。一般由商业建筑物、商业店面、橱窗、霓虹灯、广告等要素组成，它们紧密地围绕着创造良好的商业文化氛围、吸引消费者、引导消费的宗旨来进行生动有机的组合。商业空间设计所涉及的内容十分广泛，小到店铺的招牌、LOGO，大到综合性的商业大楼、购物中心及整体的商业区的规划都涵盖在内，总的来说，它包括室内商业空间设计和室外商业环境设计两大部分。

商业建筑是现代城市建设的突出标志，是构成现代购物环境的主要元素，是增进商业经济效益的法宝。商业建筑的核心是各类商店和大型商厦、购物中心，是以进行商品买卖、代理和经理等活动为主的机构及场所（图1–1～1–4）。

图1–1 国外某商业店铺设计

图1–2 国外某商业店铺设计

图1–3 某商业街效果图

图1–4 某大型购物商场外观

第二节 ///// 商业空间的内容和分类

一、商业建筑的特性

商业建筑是生产和消费之间的桥梁。在购销商品的企业中，既要进货，又必须陈列商品以诱导刺激购买力。因此，充分掌握营业区域和货物堆场的功能特点，理顺处理好两者之间相互连贯关系；同时，也要做好市场预测、调研工作，准确把握市场动向和趋势，以确定经营工作的方向和内容。

现代商业建筑功能的综合化是现代购物环境的又一特点，即将购物、餐饮、交往、办公、仓储、交通等功能综合为一体或组成中心群体。大中型商场和市场、商业街和步行商业街二购物中心和商业广场、商业综合体四类现代商业建筑，功能综合化适应了现代消费需求和生活方式，功能综合引来了空间多样化，增强了愉快动人的购物气氛。建筑的共用设施需满足在安全、卫生、交通、休息、交往等行为方面的实际要求，以改善环境条件。如设置自动化消防、电脑网络等先进管理设施，以保障购物环境的安全和完整。同时，在营业空间和交往空间的组织安排和商品信息交换方面，应高度满足传播信息的要求。

购物中心在世界各地广受欢迎，其特点主要表现在：①适应城市与社会发展。在一定程度上成为城市交通系统和城镇居住小区的联系纽带和空间上的附属设施。比如日本的购物中心大多建设在电车线路的各个换乘站，川流不息的人流是购物中心立于不败之地的先决条件。②适应现代化和多元化的需求。购物中心在商业经营上拓展思路，扩大范围，形成购物、娱乐、休闲、文化、体育、游览等多功能的综合生活服务中心。③保留传统商业环境的特征和意趣。人们对自己所熟悉的环境有排遣不掉的留恋情结，如美国人便认为欧洲古老的“商业拱廊”式的传统市场既有活泼的生活气息，又能免于遭受风吹雨淋气候变化之虞（图1-5、1-6）。

图1-5 某购物商场中庭效果图

图1-6 某购物商场外观

二、商业建筑的室内设计

就商业建筑室内构成的空间范围而言，一般可分为顾客区域、出售区域、商品区域和服务员工作区域四个部分。当然更多的是诸区域融为一体、兼而有之的格局分配。商店的主体空间一般提供给顾客。商品区域包含从商品的购入到商品的发送，以及营业用的各种办公室。规模庞大的综合百货大店中，设备与商店管理则显示出不同于一般的重要性。

现代社会的商业空间丰富异常，一般有综合商店和专业商店之分。大型购物商厦或购物中心建筑面积可达数十万平方米。

商店营业厅平面划分既要整齐，又要富于变化，如果可能，最好采取不固定的方式，以便适应经营内容的变更，也可在通道动线形式的选择上保留一定的灵活余地。营业厅通道动线的宽度主要依据商品的种类、性质和顾客的人流和数量来确定。一般采用的是：货柜前顾客站立宽度为450毫米，通行每股顾客人流宽度约为600毫米，则通道动线宽Ⅳ由人流股数N来确定，即W=2×450+600N。通常根据计算并结合实际经验，可参照表一数据。

表一 商店营业通道宽度

种类	程度	一般商店宽度（cm）	综合商店宽度（cm）
主通道	最小	80	160
	普通	90～150～200	180～220～360
	最大	360	450
次通道	最小	60	120
	普通	75～90～150	150～180～210
	最大	150	210

三、商业空间的分类

商业空间的功能性大致可分为以下四类

1.展示性（Show）——除了一般意义上的商品陈列，商业空间还可包括舞台上动态的表演、各种形式广告的发布、POP等有关商品自身以及附加信息的传达。

2.服务性（Service）——商业空间提供各种有

形或无形的服务：包括购物、休闲、咨询、汇兑、租赁、寄存、修理、餐饮、美容等。

3.娱乐性（Amusement）——提供影院剧场、儿童游乐、电子游戏、运动休闲等调剂身心的活动。

4.文化性（Culture）——无论是商品陈列或娱乐活动，其本质均是文化活动，包括各类流行也是一种文化（图1-7～1-11）。

图1-7 商业建筑立面具文化展示效果

图1-8 商业橱窗展示设计

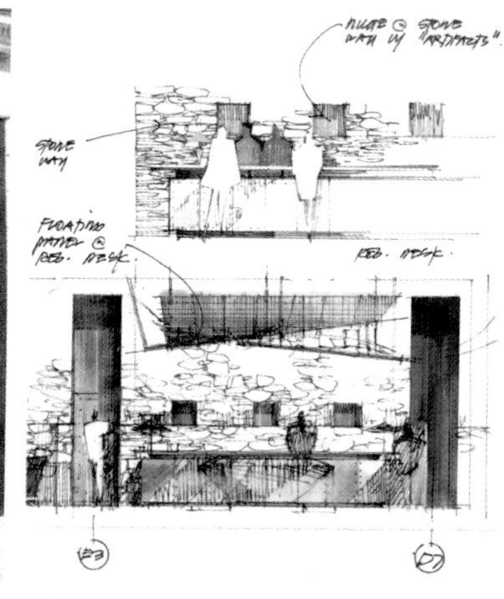

图1-9 某购物商场服务台手绘效果图

图1-10 某购物商场休息区设计草图

图1-11-1 橱窗系列展示

图1–11–2 橱窗系列展示

第三节 ///// 商业空间的设计风格

风格（Style）即风度品格，体现创作中的艺术特色和个性；流派（School）指学术、文艺方面的派别。

室内设计的风格和流派属室内环境中的艺术造型和精神功能范畴。室内设计的风格和流派往往是和建筑以至家具的风格和流派紧密结合；有时也以相应时期的绘画、造型艺术，甚至文学、音乐等的风格和流派为其渊源和相互影响，例如建筑和室内设计中的“后现代主义”一词及其含义最早是启用于西班牙的文学著作中，而“风格派”则是具有鲜明特色荷兰造型艺术的一个流派。可见，建筑艺术除了具有与物质材料、工程技术紧密联系的特征之外，还和文学、音乐以及绘画、雕塑等门类艺术之间相互沟通（图1–12～1–14）。

图1-12 安藤忠雄水教堂

图1-13 安藤忠雄肖像

图1-14 带有典型中国传统风格的藻井吊顶

一、传统风格

传统风格的室内设计，是在室内布置、线形、色调以及家具、陈设的造型等方面，吸取传统装饰"形"、"神"的特征。例如，吸取我国传统木构架建筑室内的藻井天棚、挂落、雀替的构成和装饰，明、清家具的造型和款式特征；又如西方传统风格中仿罗马风、哥特式、文艺复兴式、巴洛克、洛可可、古典主义等，其中如仿欧洲英国维多利亚式或法国路易式的室内装潢和家具款式；此外，还有日本传统风格（和风）、印度传统风格、伊斯兰传统风格、北非城堡风格等。传统风格常给人们以历史延续和地域文脉的感受，它使室内环境突出了民族文化渊源的形象特征。

1.中国传统风格

中国建筑一直是以木质的梁架结构传承下来的，这种结构沿袭了上千年。中国传统风格的商业空间室内，主要指吸取我国传统木构架建筑室内的藻井天棚、斗拱、挂落等装饰构件以结构与装饰的双重作用成为室内艺术形象的一部分。室内设计风格受到木结构的限制形成了一种以木质装修和油漆彩画为主要特征，体现华丽、祥和、宁静的独特风格。通常具有明、清家具造型和款式特征而形成的设计特点。室内除固定的隔断外，还使用可移动的屏风、博古架等与家具相结合，对于组织空间起到了增加层次和深度的作用（图1-15～1-17）。

图1-15 中国传统风格室内一角

图1–16 北京故宫漱芳斋多宝格

图1–17 苏州读画轩室内

2.西方传统风格

泛指模仿欧洲古典样式和风格流派，基本包括古罗马式风格、哥特式风格、文艺复兴风格、巴洛克风格、洛可可风格、古典主义风格等。欧洲古典建筑内部空间较高大，往往以壁炉为中心来布置家具，室内装饰造型严谨，天花、墙面与绘画、雕塑等相结合。室内装饰品的配置也十分讲究，很注意艺术品的陈设，室内还常常采用烛形水晶玻璃组合吊灯及壁灯、壁饰等。

古罗马样式：古罗马共和制时代，罗马人好战，反映在文化艺术上具有朴素、严谨的风格。

公元31年皇帝时代以后，由于物质丰富和奴隶劳动，贵族开始了奢华的生活。典型住宅为列柱式中庭，有前后两个庭院，前庭中央有大天窗的接待室，后庭为家属用的各个房间，中央为祭祀祖先和家神之用，并有主人的接待室。

古罗马的家具从意大利庞贝遗址出土的金属家具和大理石家具，以及从壁画上可见到的各种旋木腿座椅、躺椅、桌子、柜子等。类似古希腊主教的座椅，向外弧形腿的靠背椅。

5～6世纪的中世纪初期，古罗马样式和地方特色相结合产生了罗马样式。11～12世纪时，宗教建筑盛行，古罗马样式由欧洲长方形会堂的教堂发展而来，加厚了罗马拱形建筑的墙壁，建筑厚壁所产生的庄重美，以及教堂建筑窗少，室内很暗而造成内装修浮雕、室内雕塑的神秘感，此为其艺术特色。

古罗马样式的家具风格不统一，反映了欧洲各国相互间的交流和影响（图1–18～1–21）。

图1–19 古罗马样式卧室

图1–20 比萨主教堂建筑群

图1–18 圣乔凡尼教堂洗礼堂入口

图1–21 圣乔凡尼教堂洗礼堂内景

欧洲哥特样式：产生于12～13世纪初，当时的新宗教建筑室内以竖向排列的柱子和柱间尖形向上的细花格拱形洞口，宙口上部火焰形线脚装饰、卷蔓、亚麻布、螺形等纹样装饰来创造宗教至高无上的严肃神秘气氛。14世纪末，欧洲经济发展富裕起来，一般室内装饰向造型华丽、色彩丰富明亮发展，英国富裕者增多，一般市民的住宅也追求华美、鲜艳的效果和讲究的装修，再配以模仿拱形线脚的家具为典型做法（图1–22～1–24）。

模仿建筑装修花格造型的圆形靠背椅

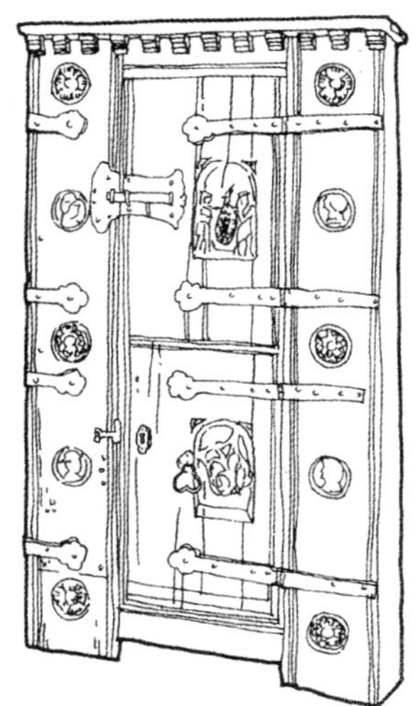

德国15世纪哥特式碗柜

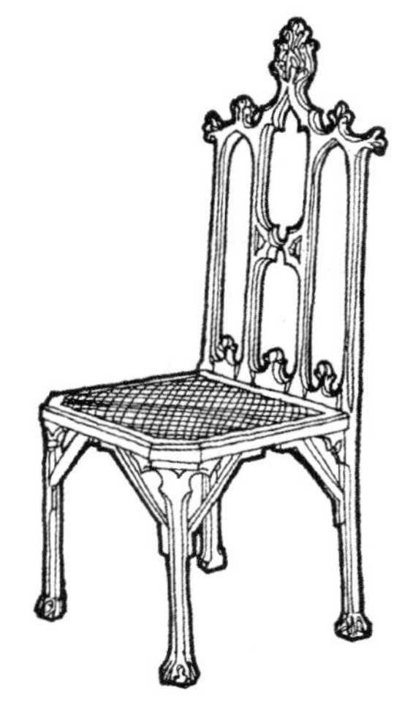

哥特式靠背椅，一般靠背较高，大多模仿建筑窗格装饰线脚

图1–22 哥特式家具

图1–23 欧洲绘画中的哥特式建筑室内

图1–24 哥特式住宅室内

3.巴洛克式和洛可可式

17世纪为欧洲的巴洛克样式盛行的时代，是对文艺复兴样式的变形时期。其艺术特征为打破文艺复兴时代整体的造型形式而进行变态，在运用直线的同时也强调线形流动变化的造型特点，具有过多的装饰和华美厚重的效果。在室内，将绘画、雕刻、工艺集中于装饰和陈设艺术上，墙面装饰多以展示精美的法国壁毯为主，以及镶有大型镜面或大理石，线脚重叠的贵重木材镶边板装饰墙面等。

色彩华丽且用金色予以协调，以直线与曲线协调处理的猫脚家具和其他各种装饰工艺手段的使用，构成室内庄重、豪华的气氛。

英国巴洛克样式具有荷兰风格的明显特点，与意大利、法国等独特丰满的巴洛克形式不同，艺术风格上端庄华丽、古雅讲究。

洛可可样式是继巴洛克样式之后在欧洲发展起来的样式，比起巴洛克样式的厚重特点，洛可可以其不均衡的轻快、纤细曲线著称，以及从中国和印度输入欧洲的室内装饰品曾给予影响。“洛可可”一词来自法国宫廷庭园中用贝壳、岩石制作的假山“洛卡优”，意大利人误叫成“洛可可”而流传开来。其特点为造型装饰多运用贝壳的曲线、皱褶和弯曲形构图分割，装饰极尽烦琐、华丽之能事，色彩绚丽多彩，以及中国卷草纹样的大量运用，具有轻快、流动、向外扩展以及纹样中的人物、植物、动物浑然一体的突出特点（图1－25～1－35）。

图1－25 欧洲洛可可样式的室内

图1–26 法国凡尔赛宫路易十四巴洛克样式的沙龙

图1–27 法国凡尔赛宫路易十四巴洛克样式的餐厅

图1-28 受中国样式影响的洛可可式室内

图1-29 法国路易十五宫廷洛可可样式室内

图1-30 巴洛克样式的室内装立面

图1-31 欧洲洛可可样式的室内立面

图1-32 具有洛可可风格的奥顿布伦修道院教堂

图1-33 具有洛可可风格的英国威尔顿双立体大厅

图1-34 修道院（1722年）建筑师佩德罗·里维拉，西班牙的超级巴洛克

图1-35 具有巴洛克风格的圣彼德大教堂祭坛

4.其他传统风格

此外，还有众多的地方和民族的传统风格，如日本传统风格、伊斯兰传统风格等。传统风格通常给人们以历史延续和地域文脉的感受，它使室内环境的设计突出了民族文化渊源的形象特征（图1−36～1−39）。

图1−37 西餐厅中欧式家具也是表现整体风格的重要元素

图1−36 带有洛可可风格的顶面装饰使整体空间更显华丽

图1-38 西餐厅中欧式风格元素表现在顶面角线的处理

图1-39 带有欧式风格的吊顶表现强烈的商业空间氛围

二、现代风格

现代风格起源于1919年成立的包豪斯（Bauhaus）学派，该学派处于当时的历史背景，强调突破旧传统，创造新建筑，重视功能和空间组织，注意发挥结构构成本身的形式美，造型简洁，反对多余装饰，崇尚合理的构成工艺，尊重材料的性能，讲究材料自身的质地和色彩的配置效果，发展了非传统的以功能布局为依据的不对称的构图手法。包豪斯学派重视实际的工艺制作操作，强调设计与工业生产的联系。

包豪斯学派的创始人W·格罗皮乌斯（W. Gropius）对现代建筑的观点是非常鲜明的。他认为“美的观念随着思想和技术的进步而改变”，“建筑没有终极，只有不断的变革”，“在建筑表现中不能抹杀现代建筑技术，建筑表现要应用前所未有的形象”。

当时杰出的代表人物还有Le柯布西耶（Lecorbusier）和密斯·凡德罗（MiesVanDerRohe）等。现时，广义的现代风格也可泛指造型简洁新颖，具有当今时代感的建筑形象和室内环境。

Le柯布西耶是一位集绘画、雕刻和建筑于一身的现代主义建筑大师。他在1929年设计的沙沃伊别墅对新的建筑语言作了总结，成为现代主义建筑设计的经典作品之一。他关注中下层民众的居住研究，倡导大量生产的工业住宅。1952年建造完成的“马赛居住单位”是现代主义公寓建筑的杰作。Le柯布西耶对现代主义语言探索极广，对模数化和工业预制生产住宅的研究也很深入，并有著述和实践。他是现代主义建筑设计中当之无愧的领袖人物之一，晚年设计的朗香教堂，其粗犷、隐喻的造型设计举世闻名，特别是室内深邃、神秘的意境和气氛给人创造难忘的体验（图1-40～1-43）。

图1-40 Le柯布西耶设计的朗香教堂

图1-41 朗香教堂的外立面

图1-42 朗香教堂的内部空间

图1-43 朗香教堂的内部空间

密斯·凡德罗是一位既潜心研究细部设计又抱着宗教般信念的超越空间的设计巨匠。他对现代主义设计影响深远，设计上倾向于造型的艺术研究和广阔空间的观念，而不是把功能作为设计的注解。他在1929年设计的巴塞罗那国际博览会和1958年完成的西格姆酿造公司的三十八层办公楼，1968年设计的西柏林20世纪博物馆等是现代主义建筑设计的里程碑。

密斯·凡德罗在室内空间设计上主张“灵活多用，四望无阻”，提出“少就是多”的口号，造型上力求简洁的“水晶盒”式样。

他注重细部设计，对衔接和节点处理极为重视。使用材料讲究，多用名贵的材料（如铜、青铜、玻璃、花岗石等）。这些做法对20世纪六七十年代的晚期现代主义建筑及室内设计产生影响（图1-44～1-48）。

图1-44 巴塞罗那国际博览会德国馆内的十字形立柱

图1-45 密斯设计的范思沃斯住宅

图1-46 密斯设计的巴塞罗那博览会德国馆

图1-47 密斯设计的纽约西格拉姆大厦

图1-48 纽约西格拉姆大厦近景

图1-49 赖特设计的流水别墅

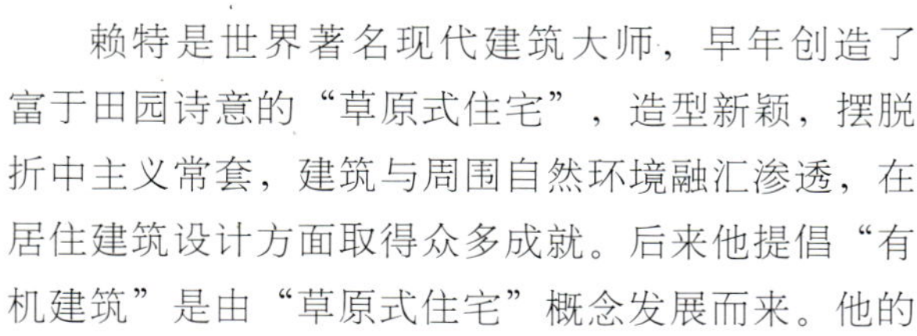

赖特是世界著名现代建筑大师，早年创造了富于田园诗意的“草原式住宅”，造型新颖，摆脱折中主义常套，建筑与周围自然环境融汇渗透，在居住建筑设计方面取得众多成就。后来他提倡“有机建筑”是由“草原式住宅”概念发展而来。他的室内设计与建筑设计协调一致，不仅满足现代生活需要，而且强调艺术性，在力图摆脱折中主义的框框下，走上体形组合的道路，创造了新的建筑室内构图手法。他的设计具有场所和传统的精神及韵味（图1-49～1-57）。

图1-50 安藤忠雄光教堂

图1-51 成羽町美术馆侧面

图1-52 成羽町美术馆景观

图1-53 具有现代风格的商业中心中庭

图1-54 某商业空间

图1-55 联合国教科文组织总部冥想之庭顶部

图1-56 联合国教科文组织总部冥想之庭

图1-57 有绿色植物的酒店中庭

三、自然主义风格

建筑与室内设计中的自然主义风格在很大程度上是受到了文学领域内的自然主义思潮的影响。它倡导文学“回归自然”，在美学上推崇自然，认为在当今高科技、高节奏的社会生活中，只有回归自然，才能使人们能取得生理和心理的平衡。受到这种思潮影响的室内设计所形成的风格，在设计中更多地采用木料、织物、石材等天然材料，显示材料的纹理，清新淡雅。如美籍华人贝聿铭设计的美国国家美术馆东厢艺廊，将自然中的绿树植入室内，这些树木不是在美术馆建成后移入的，而是在建馆之初就已经在大厅内。此外，由于其宗旨和手法的类同，也可把田园风格归入自然主义风格一类。田园风格在室内环境中力求表现悠闲、舒畅、自然的田园生活情趣，也常运用天然木、石、藤、竹等材质质朴的纹理。同时，也注重设置室内绿化，创造自然、简朴、高雅的氛围（图1-58～1-60）。

图1-58 运用自然材料装饰小景

图1-59 空间中营造一种"田园风格"气息

图1-60 原木地板烘托自然主义风格

四、后现代主义风格

后现代主义一词最早出现在西班牙作家德·奥尼斯（FedericoDeOnis）1934年的《西班牙与西班牙语类诗选》一书中，用来描述现代主义内部发生的逆动，特别有一种对现代主义纯理性的逆反心理，即为后现代风格。20世纪50年代美国在所谓现代主义衰落的情况下，也逐渐形成后现代主义的文化思潮。受60年代兴起的大众艺术的影响，后现代风格是对现代风格中纯理性主义倾向的批判，后现代风格强调建筑及室内装饰应具有历史的延续性，但又不拘泥于传统的逻辑思维方式，探索创新造型手法，讲究人情味，常在室内设置夸张、变形的柱式和断裂的拱券，或把古典构件的抽象形式以新的手法组合在一起，即采用非传统的混合、叠加、错位、裂变等手法和象征、隐喻等手段，以期创造一种融感性与理性、集传统与现代、融大众与行家于一体的"亦此亦彼"的建筑形象与室内环境。对后现代风格不能仅仅以所看到的视觉形象来评价，需要我们透过形象从设计思想来分析。后现代风格的代表人物有P·约翰逊：（P.Johnson）、R·文丘里（R.Venturi）、M·格雷夫斯（M.Graves）。

后现代主义又称新包豪斯主义，即既具有现代主义严谨的功能主义和考虑结构构成等理性因素，又具有设计师个人表现和象征性风格的特点，如“纽约五人”（1969年在纽约现代艺术博物馆举办的由五位主张发展现代建筑的青年建筑师举办的作品展）中的R·迈耶、P·艾森曼等，又如资深著名建筑师贝聿铭、保罗·鲁道夫、E·巴恩斯等的作品，人们也认为既具理性又有个性和文化内涵的新现代主义的特征，迈耶（也是白色派的代表人物）1998年在洛杉矶设计建成的保罗·盖蒂中心博物馆，高度理性化，与环境融合，重视功能，又具有设计师的个性，充分体现了新现代主义的特征（图1-61～1-68）。

图1-61 具后现代风格的现代小景

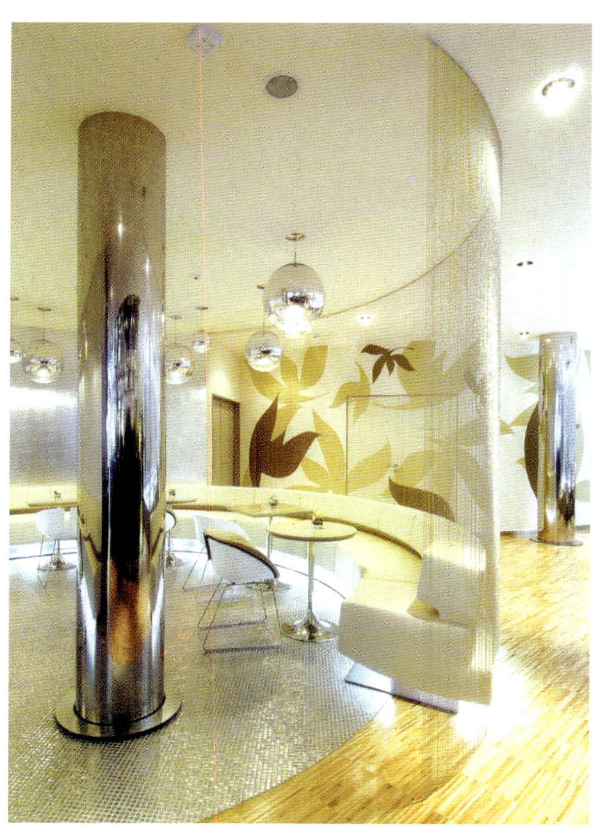

图1-63 不锈钢管立柱配以原木地板

图1-62 别致的室内配饰

图1-64 材质的运用传达后现代风格

图1–65 文丘里设计的费城住宅

图1–67 贝聿铭设计的苏州博物馆

图1–66 P · 约翰逊设计的休斯顿美国银行

图1–68 贝聿铭设计的香港中银大厦

高技派风格

常常被称为“高技派”或称重技派，活跃于20世纪50年代末至70年代的设计流派。它以表现高科技成就与美学精神为信托，主张注重技术展示现代科技之美，建立与高科技相应的设计美学观。由此，形成了所谓的“高技派风格”的设计流派。其设计特点是突出当代工业技术成就，并在建筑形体和室内环境设计中加以炫耀，崇尚“机械美”，在室内暴露梁架、网架等结构构件以及风管、线缆等各种设备和管道，强调工艺技术与时代感。经典之作以英国设计师罗杰斯设计的巴黎蓬皮杜文化中心和由著名设计师福斯特设计的香港汇丰银行大厦，这些作品都使用新型的高科技材料，表现出高度简洁、结构化、现代科技化的设计特征，有强烈的时代风格，展现一种现代技术之美（图1－69～1－72）。

图1－70 巴黎蓬皮杜文化中心

图1－69 巴黎蓬皮杜文化中心

图1－71 巴黎蓬皮杜文化中心

图1－72 巴黎蓬皮杜文化中心

随着社会的发展和时间的推移，建筑设计和室内设计在总体上呈现多层次、多风格的发展趋势，纯风格化的设计已不多见，更多室内空间的布置既现代实用，又保留了传统风格的一些特征，在装饰手法与陈设上也将古今中西融为一体。例如在酒店空间中，就常常可以看到将现代风格的立面装饰、家具配以传统的摆设，如茶几、摆件、屏风等；欧式古典的水晶灯具和立面装饰，配以东方传统的家具陈设、小品。这种混合了东西方元素、现代与传统相结合的设计风格，为人们带来了更加丰富的视觉效果和文化内涵（图1—73～1—77）。

图1—74 多种风格的混合

图1—73 酒店内传统风格的家具在现代风格环境中的运用

图1-75 酒店内现代风格的立面装饰配以传统风格的摆设

图1-77 酒店内现代风格的立面装饰配以传统风格的摆设

图1-76 欧式古典水晶灯具映衬现代风格的立面造型

[复习参考题]

◎ 商业空间的设计风格有哪几种？怎样在室内装修中体现设计风格？

第二章 商业空间设计的基本原理

教学目的

了解商业空间设计的要素程序、规划设计以及人体工程学、消费心理学在商业空间设计中的运用。

教学重点

商业空间设计的设计流程、规划设计是本章的教学重点。通过本章的学习，使学生能够掌握商业空间的设计方法。

教学难点

商业空间的规划设计主要解决的是商业空间内部平面功能分区、室内空间的流线关系、立面空间的构造、装饰以及各种效果表现。

建议学时

16课时。

第二章　商业空间设计的基本原理

第一节 ////// 商业空间设计的要素程序

一、商业空间设计的要素

商业空间设计是建筑内部空间的环境设计，根据具体使用性质和所处环境，运用物质技术手段，创造出功能合理、美观舒适、附和人的生理和心理要求的理想商业场所。功能、空间、界面、饰品、经济、文化为商业空间设计的六大要素（图2－1～2－6）。

功能：功能至上是商业空间设计的根本，室内空间本来就和人的关系最为密切，如何满足每个不同商业活动的细节所需，是室内设计者和室内使用成员之间沟通的一个重要环节。一套缺少功能的室内设计方案只会给人华而不实的感受。只有使功能满足每个成员的每个细节所需，才能让商业活动中的人们感到舒适、方便。

空间：围绕功能规划，使空间具有韵律美是室内设计的表现手法。空间设计是运用界定的各种手法进行室内形态的塑造，塑造室内形态的主要依据是现代人的物质需求和精神需求，以及技术的合理性。常见的空间形态有封闭空间、虚拟空间、灰空间、母子空间、下沉空间、地台空间等。

界面：界面是建筑内部各表面的造型、色彩、用料的选择和处理。它包括墙面、顶面、地面以及相交部分的设计。我们在做一个商业空间的设计方案时需要给自己明确一个主题，就像一篇文章需要有一个中心思想，使商业建筑与室内装饰完美地结合、鲜明的节奏、虚实的对比、点线面的和谐。

饰品：饰品就是陈设物，是当建筑室内设计完成，功能、空间、界面整合后的点睛之笔，给商业空间以生动之态、温馨气氛、陶冶性情、增强商业气氛。

经济：如何在有限的投入下达到物超所值的效果是每个设计者都需要考虑的。合理有机地组织各部分，以达到诗意、韵味是作为一名出色室内设计师的职业追求。

文化：充分表达并升华空间的商业文化是设计师在设计时必须追求的。设计的文化内涵和底蕴，

图2－1　香港设计大师洪约瑟设计的家具店，鲜明的色彩、简约的设计风格渲染出特别的商业文化。

图2－2　在灯光的投射下，黑白灰的三维空间变得生动。

图2－3 用白色纱帘作为虚隔断分隔了走道和展示区域，既经济又起到了分隔空间的作用。

图2－5 鲜艳的小饰品让室内氛围更加轻松、自然。

图2－4 用橙色纱帘作为虚隔断通过灯光的特殊设计形成强烈的对比。

图2－6 卖场的墙面与地面的色彩融为一体，调和了顶面与墙面的硬线条。

对于其他相关设计如平面设计、景观设计、展示设计等都具有同样重要的作用。

二、商业空间设计的流程

解决实际的商业空间设计问题，我们还必须了解设计的程序和方法，下面从四个阶段分别予以说明：

设计准备阶段：在设计项目前，一个重要的工作就是市场调研，通过调研了解和全面掌握各种相关资料、数据，包括该项目的规模、性质、等级标准、设计规范、设计标准、投资金额等为设计做好资料准备。接着根据委托方提供的设计依据，对设计对象进行现场勘测，了解自然、地理、建筑环境和各个空间的衔接关系、功能性质等内容。最后与委托方沟通取得共识后明确设计任务，签订设计合同，约定该项目的设计要求、设计进度、收费标准和方法等内容。

方案设计阶段：方案设计阶段分为草图（图2－7、2－8）和方案设计两个阶段。在草图阶段设计者应在熟悉掌握系统的设计资料，了解建筑结构、设备和空间形式详细情况的前提下，结合自己的专业知识和经验，并从中寻找灵感，通过开放性、创造性的思维方式，以草图的形式自由地表达自己的设计思路，最终从多个草图设计方案中确定最适合的设计方案。如果说草图是思维形态的纸面再生，带有很强的不确定因素，那么设计方案图就是草图的进一步具体化和准确化。

设计方案图包括：

1.平面图，常用比例为1：50，1：100；

2.吊顶布置图（包括灯具、通风、空调位置），常用比例为1：50，1：100；

3.室内主要立面图，常用比例为1：20，1：50；

4.效果图（如图2－9～2－12）；

5.设计说明和工程造价概预算。

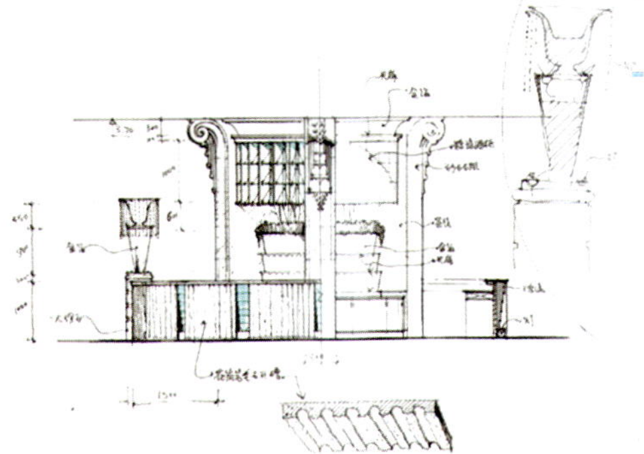

图2－7 某娱乐城设计草图

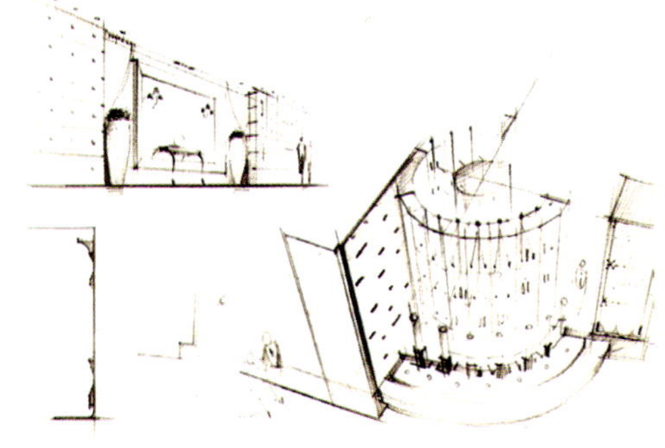

图2－8 某娱乐城设计草图

图2－9 某餐厅效果图

图2－10 某餐厅效果图

图2－11 某娱乐城效果图

图2－12 某娱乐城效果图

施工图设计阶段：设计方案图经过委托方审查通过后，设计者就要根据审查意见和对空间进一步的理解进行修正和完善方案图。将设计方案图中所确定的内容进行具体化，进入施工图的设计阶段。施工图的设计是设计师对整个设计项目的最后决策，必须与其他各专业进行协调。施工图最重要的作用是为现场的施工、预算编制、设备与材料的准备、保证施工质量和进度提供必要的科学依据。（图2－13、2－14）。

施工图分为：

平面图：总体规划、陈设物布局、地面标高、用料做法详图。

剖立面图：室内立面造型展开设计详图，如门窗、隔断、服务台等造型高度、材料、制作工艺等详图。

顶面布置图：涉及顶面造型、用料、标高、照明、消防设施、风口、音响、空调等各个功能详图。

陈设装饰图：绘制家居等陈设物、室内景观艺术品、日用品等的造型、图案、材质工艺方式详图。

水电布局图：主要为照明系统设计，如灯具、控制开关、插座布置和机电设备设计详图。给排水系统设计，如出水、排水位置等。

装饰材料实样组织：提供墙面、地面材料、灯具、家居、设备等实物和照片，地毯、窗帘、家居面料、五金配件等相关实样和技术指标。

形象展示：制作效果图、模型，展示空间视觉艺术效果。

设计说明：编写总体设计方案说明、各空间设计目标、技术要求、艺术形式、构成手段和具体手法等。

设计实施阶段：完成了全面的施工图设计阶段后，在与委托方充分沟通的情况下，设计将进入实施阶段。设计者有责任向施工方解释施工图纸并进行技术交底工作。在施工过程中，还要指导施工方按照图纸进行施工，并根据实际情况对图纸做出必要的变更和补充，随时检查图纸实施情况，沟通各个环节，工程施工完毕，配合质检部门、建筑施工单位按图纸进行验收，最后绘制竣工图，以便提供给有关部门进行最后审核。

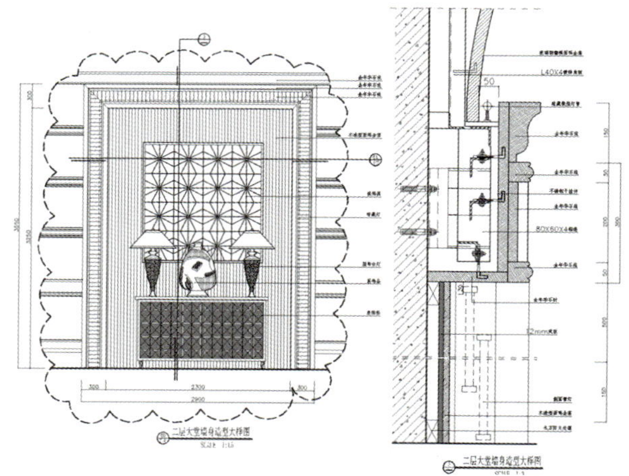

图2－13 某娱乐城施工图

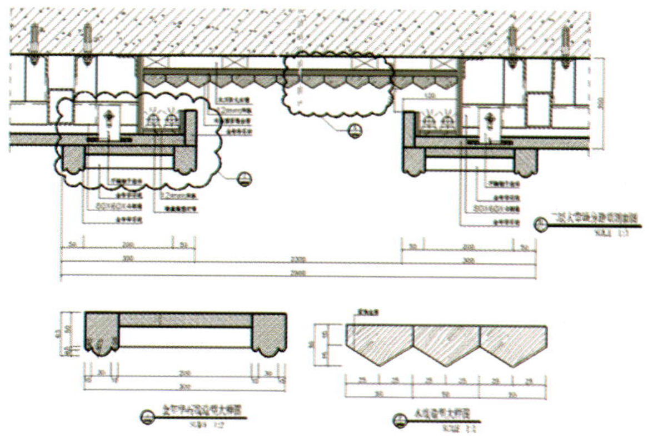

图2－14 某娱乐城施工图

第二节 ///// 商业环境的空间设计

一、商业空间的规划

商业空间规划设计所关联的领域涉及了室内空间的平面规划、立面规划和效果表达。在这里我们主要解决的是商业空间内部平面功能分区、室内空间的流线关系、立面空间的构造、装饰以及各种效果表现。

平面规划是指对设计对象的使用性质、规模有相当的了解的基础上，对建筑内部空间的组织和安排。在室内空间的分析中，首先是对建筑平面作出合理的功能分析，正确进行功能分区。平面规划在商业空间的设计中始终是起到主导作用的。它需要建立在设计师对空间性质的充分理解、对空间功能广泛深入的调查分析基础之上，对各空间的主次、疏密、动静等关系充分的认识之上。

所谓室内平面功能关系就是指人在不同商业空间中的次序及行为。就商业空间而言，室内的功能空间分区的研究是围绕着人在空间中的使用功能展开的。不同性质的商业空间的功能要求会形成差别。因此，在这一阶段设计者主要针对室内空间的主次关系来研究。当进行室内空间功能规划时，要充分利用原有的空间，把主要的使用空间布置在主要的位置上，而把次要的使用空间安排在次要的位置。在功能研究中要避免使用上相互干扰，达到功能分区明确、交通联系方便的目的，使主次空间各得其所。比如，我们在进行餐厅空间的设计时，就应该包括就餐区、操作区、辅助用房区及交通联系空间等这几类不同性质的空间组成部分。很明显，从使用性质来看，就餐区应居于空间中的主要部分，操作区次之，辅助用房区再次之。在这三者的功能分区上，应当有明确的划分，以防互相干扰。但是，这三部分之间，还应保持一定的联系。这种联系是在功能分区明确的基础上进行考虑的。而有些次要空间，从使用性质上分析，虽然属于次要的，但是从人流活动的顺序与需要上看，却应安排在首要位置上，如餐饮空间的人口、宾馆门厅等。因为这些次要空间与主要空间有着不可分割的关系。它对于深化主要空间的风格表现，完善主要空间的功能有着不可低估的作用。

在商业空间的平面规划中，除了对平面空间做出合理的功能分析，正确进行功能分区外，这种流线的组织也相当重要。流线组织的好与坏直接影响各空间的质量，处理不好会造成使用上的混乱。而商业空间中的流线是多方面的、复杂的。不同类型的商业空间，因其使用性质的不同，往往存在着不同的流线组织特点，它们常常通过一定的顺序或某种关联而体现出来。一般可以归纳为平面、立体和综合三种方式。平面的组织方式是指空间使用性质比较单一，人流的活动相对比较简单。所谓立体的组织方式是指室内空间功能要求比较复杂，仅靠平面的方式不能完全解决流线组织问题，还需要采用立体的方式组织人流的活动。所谓综合的组织方式是指室内的流线组织需要用综合分析的方式才能解决，将平面与立体的方式根据不同的功能需求进行布置（图2−15）。

立面是商业环境的内部形象，是围合商业建筑内部的空间围护体以及在室内空间中限定物体所体现的垂直的界面，或是建筑内部垂直空间界面的组合方式的统称。比如，餐厅里墙体、梁柱、装饰立面、立体的家具与陈设等，它们共同构筑出商业空间的形象与风格。立面形象通常作为室内空间的主体来表现，是人们对商业场所风格的主要认知体。因此，要凸现一个商业环境的风格与氛围，以及消费者对设计的认同，通常都是由商业空间的立面规划所决定的，它设计到商业空间的内部规划、形态的细部设计以及使用功能和技术经济条件等多方面的问题。

立面空间设计是在现有的建筑空间条件下所作的空间规划。室内立面的大小和高低，体型组合的简单或复杂，通常总是以商业空间的组合要求为依据的。立面上装饰的排列，墙面上装置的划分与安

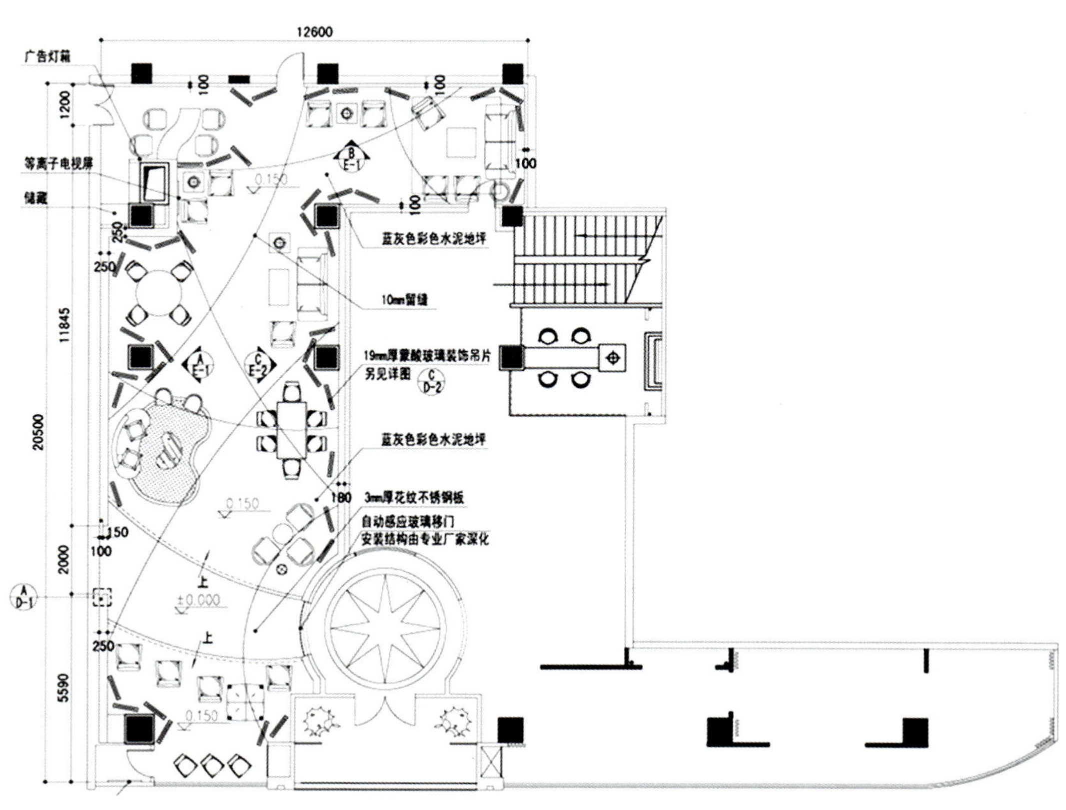

图2－15 家具卖场平面图，功能布局合理、流线组织清晰

排，主要也是以使用要求、所用材料和结构布置为前提的。其规划要求必须在满足功能的前提下，充分利用垂直方向的空间，以最大限度地节约平面空间，并从整体空间效果出发统一规划和安排。立面同时也是商业空间内部风格形成的主要构成要素，商业空间的立面设计必须符合室内空间造型和立面构图方面的形式美的规律性，如均衡、节奏、韵律、统一、对比等。立面的设计首先应与商业空间内部的构造以及功能规划相协调，用统一与变化的手法来营造空间的氛围（图2－16～2－27）。

图2－16 香港余仁生药店

图2－17 充分利用垂直方向的空间，最大限度地节约平面空间

图2－18 展示与装饰融为一体

图2－19 采用虚体隔断手法，使空间互相渗透，富有层次

图2－20 立面构造与功能相协调

图2－21 统一的内部装饰手法

图2－22 上海金津咖喱玻璃屋

图2－23 可以看到星空的玻璃吊顶与用餐区的蓝色吊顶烘托出餐厅的浪漫氛围

图2－24 用支撑柱装饰成的艺术吊灯，独具匠心

图2－25 楼梯扶手将原有楼梯用磨玻包起来

图2－26 入口处

图2－27 富有层次感的顶面设计

二、商业空间的内部分隔

商业空间的内部分隔就是根据不同使用目的，对空间在垂直和水平方向进行各种分隔和联系，通过不同的方式，为人们提供良好的商业环境，满足不同的消费需要。空间的分隔和联系除了从功能使用要求来考虑空间的分隔与联系外，对分隔与联系的处理，如它的形式、组织、比例、方向、线条以及整体布局等，都对整个空间设计效果有着重要的意义，反映出设计的特色与文化内涵。

空间的分隔应处理好不同的空间关系和分隔

的层次。首先是内外空间的分隔，如入口、庭院，它们都与室外环境紧密相连，体现内外结合及室内空间与自然空间交融等。其次是内部空间之间的关系，主要表现在封闭与开敞的关系；空间的静止和流动的关系；过渡的关系。最后是个别空间内部在进行装修、布置和陈设时，对空间的再次分隔。这三个分隔层次都应该在整个设计过程中获得高度的统一。

三、商业空间的过渡和引导

商业空间的过渡和引导空间是根据人们日常生活中消费活动的需要提出来的。比如在酒吧、KTV等娱乐场所，为了不使观众从明亮的室外突然进入较暗的观众厅而引起视觉上急剧变化的不适感，常在门厅、休息处设立渐次减弱光线的过渡空间。这些都属于实用性的过渡空间。此外，还有如餐厅的等候区、休息室，除了一定的实用性之外，还体现了礼节、规格、档次和身份。除此之外，过渡空间还常作为一种艺术手段起到空间的引导作用（图2－28～2－32）。

图2－28 红色的装饰柱带有强烈的引导性

图2－29 入口圆形的造型作为导向型的序列展现给大家

图2－30 利用灯光进行空间划分

图2－31 等候空间的装饰成为设计亮点

图2－32 酒店内的等候空间

四、商业空间的序列

人们的每一项消费活动都是在时空中体现出的一系列的过程，静止只是相对和暂时的，这种活动过程都有一定的规律性。例如，去专卖店购物，先要了解商品，然后试用商品，接着比较、选择，最后购买商品。商业空间设计一般也根据这样的序列来设计安排。这就是空间序列设计的客观依据。对于更为复杂的消费活动，在序列设计上，层次和过程也相应增多。例如，在超市或是大型的商业卖场购物。空间的连续性和时间性是空间序列的必要条件，人在商业空间内活动感受到的精神状态是空间序列考虑的基本因素；空间的艺术章法则是商业空间序列设计主要的研究对象。

序列的过程分为起始阶段、过渡阶段、高潮阶段和终结阶段四个过程。起始阶段是序列的开端，是对消费者产生吸引力的主要核心。过渡阶段是起始后的承接阶段，又是出现高潮的前奏，是序列中关键的一环，特别是在长的序列中，过渡阶段可以表现出不同层次和细微的变化，对最终高潮的出现具有引导、酝酿的作用。高潮阶段是全序列的中心，其他各阶段都是为它的出现服务，是序列中精华和目的所在，也是序列艺术的最高体现，是序列中的设计核心。由高潮回复到平静，以恢复正常状态是终结阶段的主要任务（图2－33～2－38）。

图2－34 周边散落的桌椅视为终结阶段

图2－33 音乐主题餐厅设计

图2－35 入口的“枯山水”是设计的起始阶段

图2－37 核心区的钢琴设置是高潮阶段

图2－36 中心部分的座椅是过渡阶段

图2－38 周边散落的桌椅视为终结阶段

第三节 人体工程学、消费心理学与商业空间

人体工程学和环境心理学都是近些年发展起来的新兴综合性学科。室内环境设计除了重视视觉环境的设计外，对物理环境、生理环境以及心理环境的研究也应予以高度的重视，并将之运用到设计实践中去。

一、商业空间与人体工程学

人体工程学起源于欧美，原先是在工业社会中，开始大量生产和使用机械设施的情况下，探求人与机械之间的协调关系，作为独立学科有四十多年的历史。在第二次世界大战后，各国把人体工程学的实践和研究成果运用到空间技术、工业生产、建筑及室内设计中去。当今，社会发展向后工业社会、信息社会过渡，重视“以人为本”的服务精神，人体工程学强调从人自身出发，在以人为主体的前提下研究人们衣、食、住、行以及一切生活、生产活动中综合分析的新思路。

由于人体工程学是一门新兴的学科，它在室内环境设计中应用的深度和广度都有待进一步开发。目前已开发应用分为四个方面。

确定人在室内活动所需空间的主要依据：根据人体工程学中有关的计测数据，从人的尺度、动作域、心理空间以及人际交往的空间等，确定空间范围。

确定家具、设施的形体、尺度及其使用范围的主要依据：家具设施为人所使用，因此它们的形体、尺度必须以人体尺度为主要依据；同时，人们为了使用这些家具和设施，其周围必须留有活动和使用的最小余地，这些要求都需要由人体工程学予以解决。室内空间越小、停留时间越长，对这方面内容的要求也就越高，例如美容院、专卖店等商业空间内部的设计。

提供适应人体的室内物理环境的最佳参数：室内物理环境主要有室内热环境、声环境、光环境、重力环境、辐射环境等，室内设计时有了上述参数后，在设计时就有可能得到正确的决策。

对视觉要素的计测为室内视觉环境设计提供科学依据：人眼的视力、视觉、光觉、色觉是视觉的要素，人体工程学通过计测得到的数据，对商业空间的照明设计、色彩设计、视觉最佳区域等提供了科学的依据。

二、商业空间与心理学

人是空间的主体，在不同环境中的心理反应各有不同，其心理与行为尽管有个体的差异，当从总体上分析仍然具有共性、具有相同或类似的方式做出反应的特点，这也重视我们进行设计的基础。作为现代商业空间设计，应充分体现以下设计意识和心理特点（图2－39～2－41）。

领域意识：领域意识原是动物在环境中为取得食物、繁衍生息等的一种适应生存的行为方式。人与动物毕竟在语言表达、理性思考、意志决策与社会性等方面有本质的区别，但人在室内环境中的生产、生活活动，也总是力求其活动不被外界干扰或妨碍。不同的活动有其必需的生理和心理范围与领域，人们不希望轻易地被外来的人或物所打破。室内环境中个人空间常要对人际交流、接触时所需的距离考虑全面。人际接触实际上不同的接触对象和不同的场合，在距离上各有差异。根据人际关系的密切程度、行为特征确定人际距离，它分为密切距离、人体距离、社会距离、公众距离。当然由于不同民族、宗教信仰、性别、职业和文化程度等因素，人际距离也会有所差异。在进行商业空间设计时，对于商业空间的内部分割、家居尺度等都应考虑人的领域意识因素。

私密性：如果说领域意识主要在于空间范围，则私密性主要涉及在相应空间范围内包括视线、声音等方面的隔绝要求。日常生活中我们经常可以观察得到，人们在就餐时，在条件允许的情况下，总是愿意选择相对安静的角落进餐，而不愿意选择近门处及人流频繁通过处的位置。

安全感：活动在室内空间的人们，从心理感受来说，并不是越开阔越宽广越好，人们通常在大型室内空间中，更愿意选择有所依托的物体。如人们都愿意选择靠墙的沙发休息或等候。

从众心理：从一些公共场所内发生的非常事故中观察得到，紧急情况时人们往往会盲目跟从人群中领头几个急速跑动的去向，不管其去向是否是安全疏散口。当火警或烟雾开始弥漫时，人们无心注视标志及文字的内容，甚至对此缺乏信赖，往往是更为直觉地跟从人群流动。同时，人们在室内空间中流动时，具有从暗处往较明亮处流动的趋向，紧急情况下，语言的引导会优于文字的引导。上述心理和行为现象提示设计者在设计商业空间环境时，首先应注意空间与照明等的导向，对空间、照明、音响予以高度重视。

图2－39 利用局部装饰隔墙分隔空间，给用餐者以私密性与安全感

图2－40 用水晶球制成的珠帘分隔空间，有水帘般的装饰效果，使空间隔而不断

图2－41 在灯光的投射下，划分出了用餐区的领域空间

第四节 //// 各类型商业空间的基本特点

一、商业卖场

现代商业卖场是人们日常购物提供商业活动的空间场所。商业卖场的主要形式有综合性商场、专卖店、商业街和超级市场。从其空间与服务性质的关系来看，商业卖场通常分为引导区、销售区（即商品陈列区）、服务区、辅助区四个大的功能区域。

1.引导区

卖场的入口、外立面、橱窗等通常被视为引导区。

⑴入口

入口往往设置在人流汇集的中心，它起着吞吐客流的作用。其位置的分布、数量的多少和面积的大小都应该按照人数的多少、流线的导向、建筑物的平面布局等实际情况分主次进行合理配置，以保证顾客能方便、快捷地进入营业区域，并且使卖场内的顾客能够顺利地疏散。许多大型的商业中心都将入口设计成广场的形式，它集人流集散、娱乐、广告宣传、展览等多种功能于一身。新颖、独特的引导区设计能够吸引顾客，进而产生后续的消费行为（图2－42、2－43）。

图2－42 某商场入口广场

图2－43 某商场入口广场

⑵外立面

商业卖场的外立面有助于顾客建立对卖场的第一印象和传达室内空间的艺术形象。设计时应从城市环境整体、商业街区景观的全局出发，以此作为构思的依据，并充分考虑地区特色、历史文脉、商业文化等方面的要求；体现不同商店的行业特性和经营特色；了解建筑结构的基本结构，充分利用原有结构作为外立面装饰的支撑和连接点，使立面造型外观与原建筑结构整体牢固地联系，外观造型合理。外立面造型设计具体的需要从立面划分的比例尺度、墙面与门窗的虚实对比、光影效果、色彩材质这四个方面来进行考虑。

选择外立面装饰材料时，应注意所选材料必须具有防水、抗冻、耐紫外线、耐酸碱性等耐候性能。同时也要考虑施工和安装的便利。外露或易受雨水侵入的部位应采用不锈钢连接件，避免使用铁质连接件，以免立面出现锈渍，影响整体美观。目前常用的外立面装饰材料有：防火板、铝塑板、玻璃制品、陶瓷面砖、花岗岩等。

为了使卖场在夜间便于顾客识别，进一步吸引和招徕顾客，外立面的照明显得尤为重要。除了需要有基本的照度以外，更要考虑店面照明的光色、灯具的造型具有艺术效果，烘托良好的商业购物氛围。卖场外立面的照明方式基本可以归纳为整体照明、轮廓照明、重点照明。整体照明常用于建筑周围地面或隐藏于阳台等建筑构件的内部，以投光灯作为泛光照明，其作用是为了显示卖场建筑整体的造型和轮廓特点。轮廓照明是对具有造型特点的立面装饰做带状照明，通常采用灯带或者霓虹灯沿着建筑物的外轮廓设置。重点照明一般以射灯、投光灯对橱窗照明，以歇顶、发光顶对入口的顶部照明，对招牌广告等以霓虹灯或灯箱照明（图2−44～2−49）。

图2－44 香港某购物城外立面

图2－45 韩国某服装店外立面设计——令人回味的纹理反映了该品牌时装的感性特点

图2－46 韩国某服装店外立面夜景——合理的照明方式突出了建筑外立面的造型特点

图2－47 某超市外立面——延续了周围建筑物的装饰手法

（3）橱窗

橱窗是商业建筑形象的重要标志，卖场通过橱窗展示商品，体现经营特色，橱窗还能起到室内外视觉环境沟通的窗口作用。橱窗的尺度应根据所在建筑体量、卖场经营性质与规模、商品陈列方式以及室外环境空间等因素确定。橱窗常用的参考尺寸为：橱窗的深度1000mm～2500mm，橱窗玻璃的高度为2000mm～2200mm，橱窗离室外地坪的高度为300mm～600mm。根据卖场对商品展示的实际需要，可以把橱窗后部的内壁做成封闭的，也可以后壁为敞开或半敞开的，将整个店内铺面陈列的商品能通过橱窗直接展现在行人面前。橱窗内的照明需要有足够的照度，避免由于日光或街道环境照明形成橱窗玻璃面的反射而影响商品的呈现。参照我国照明设计标准，通常可以采用300Lx～500Lx，对重点商品还可以通过射灯的局部照明进行强调（图2–50～2–55）。

图2－48 书店的外立面

图2－49 香港基本购物城外立面

图2－50 封闭式的专卖店橱窗

图2－51 封闭式的厨房专卖店橱窗

图2－53 布置成医院的半封闭式服装店橱窗

图2－52 半封闭式的商场橱窗

图2－54 封闭式的商场橱窗

图2－55 封闭式的商场橱窗

2.销售区

销售区包括货品陈列区、收银台。根据卖场不同的销售形式、销售对象，陈列区的货架、展柜的形式又各有不同。

⑴开架式

超级市场、量贩店、专卖店采用的是开架式的销售形式。卖场中的所有货柜、展台、展架都采用让顾客随意挑选的开架经营方式。这种方式的特点是商品项目多、数量大，因此商品通常都分类摆放，避免互相交叉带来的混乱，留出宽敞的交通线路和空间以便顾客走动、挑选，最大限度地让顾客增加与商品接触的机会。超市、量贩店的货架通常使用骨架结合层板置放商品，层板的深度和高度要适合商品的尺度，货架之间的通道不小于900mm（小型专卖店），中型店的通道在900mm～1500mm。收银台前面的区域宽度应该在1200mm～1800mm之间，条件允许的情况下应适当放宽。同时，在卖场的各个界面设置明显的购物导向，引导顾客的消费活动。开架式的销售模式要求有充足的光照度、适量的储藏空间。

⑵闭架式

一些比较贵重的特殊商品通常采用闭架销售的形式，如珠宝专卖店、手表专卖店等。为了安全和体现商品的价值，这类柜台通常设计成封闭透明的陈列柜或壁龛，柜台下端一般设计为储存柜，再配置暖光源照射突出其闪亮的特质；展示空间比较开敞，表现庄重、华丽的环境气氛。闭架式的柜台高度通常为850mm～950mm，宽度为400mm～600mm，长度为1200mm～2000mm。

⑶综合式

开架与闭架的销售形式相结合，目的是为了便于管理商品、方便顾客。例如综合性商场的化妆品柜台就是采用的这种形式进行布置，封闭式的闭架用于储存、陈列商品，而一些提供给顾客的试用产品采用开架的形式，便于顾客挑选。

⑷仓储式

这是一种比较新的销售形式，此类空间在环境的布置上比较简洁，基本不做装饰或只进行简单的装饰。例如麦德龙超市就是这种仓储式的超级市场，还有来自瑞典的宜家家居。

根据不同的卖场性质、销售形式，柜台的摆放方式、商品陈列可以组织成不同的形式。例如：化妆品、珠宝、手表等的柜台常常围合成圆形、矩形或者是三角形。这些都取决于造型元素的运用。柜台布置的造型元素大体有三种手法：直线形、斜线形和弧线形。

直线形是将每节柜台按照营业厅内的梁柱布置，多个横竖垂直摆设的柜台形成一组基本单元，每个单元也采取横竖排列的形式，在卖场的各区域中形成类似棋盘式的方正格局，通道相互垂直交叉。这种格局的优点是摆放整齐、能够最大限度地建筑内部空间、方向感明确，各通道的交叉与出入口之间的关系比较容易处理；缺点是平面布局较呆板、缺少变化。

斜线形是将柜台、陈列架与建筑梁柱布置斜向防止成一个角度，形成一个个三角形或菱形的基本单元，环绕单元之间的通道往往是斜的，但卖场的主要通道应尽量保持与柱网的垂直与水平，以便于适应建筑的形式和出入口的链接。这种布置方式的优点是整体有比较强的韵律感、灵活多变，缺点是容量相对较小。

弧线形是将柜台、陈列架排列成弧形、曲线形，在建筑梁柱周围形成一个或者多个圆弧形的陈列单元。弧形布置能够带来美感，营造出优雅的氛围，自然的曲线能够让顾客感到舒适性。缺点是弧形占用空间面积较大。

这三种布置方式根据建筑物的结构特征、所售商品的性质交错布置。例如，直线与斜线组合、直线与弧线组合，以创造出活跃、多变的空间形式。超级市场、量贩店、仓储式超级市场、家用电器商城通常采用直线与斜线的组合以充分利用建筑物内部空间，化妆品专卖店、服装店通常采用直线与弧线组合的形式。总之，卖场空间的布置形式，应利于顾客选购，便利工作人员操作，充分发挥设备使用效能和提高营业使用面积，以提高服务质量、创造好的购物环境为目的。商品的陈列和摆放要有次序，不能凌乱，分区陈设的商品应主次分明，让顾客在平和的视觉心理下选购商品。因不同的商品置放空间与要求不同，一些商品需要配置合适的灯光、色彩。

商业卖场的地面尽量采用防滑、耐磨、易洁的地面材料来组织空间和形成导向性。墙面要着重处理，货柜、货架以外的部分和主背景墙，应使之独具特色和吸引力。卖场的顶面要采用防火材料如石膏板、金属板等，天花的形态要考虑灯具、空调、强弱电设备、消防等器材的安装与维修（图2−56～2−65）。

图2－56 地毯的色彩与白色的墙面形成了强烈的对比

图2－57 货架采用了自然的形态，贴合商品本身的特点

图2－58 开架式的服装专卖店，吊顶与地面的圆形处理相得益彰

图2－59 服装专卖店将货架的造型融入到立面中

图2－60 闭架式的珠宝专卖店

图2－61 珠宝专卖店封闭的陈列柜

图2－62 开架式的鞋类专卖店，直线形的柜台充分利用了空间

图2－63 直线形的柜台组合、充足的照明能突显珠宝独有的闪亮特质

图2－64 暖光源的照射，烘托出庄重、华丽的氛围

图2－65 充足的照明很好地衬托了商品的品质

3.服务区

服务性区域则包括顾客休息区（吸烟区）、卫生间（化妆间）、服务台、VIP服务台、VIP休息区、垂直交通等。

休息区通常设置供顾客休憩的沙发或长凳、饮水机或饮水喷泉、卖场信息展示板、阅览架等。根据休息区面积的大小，沙发的形式可以是组合式沙发。组合式沙发由几种不同形状的单体组成，通过不同的组合方式组成不同形状的沙发组，可适应不同的空间形状和尺度。例如，在空间大的情况下，在建筑立柱的周围设置岛形沙发；而在空间小的情况下，设置靠墙的长凳。

卫生间大致分为男卫、女卫、盥洗区，在比较人性化的综合性商场，还会独立设置化妆间，无障碍卫生间，为婴儿、儿童及母亲提供母子卫生间。卫生间作为商业空间必不可少的区域之一，室内环境应整洁，平面布局紧凑合理。设备与各管道的连接可靠，便于检修。卫生间各个界面的材质应具备良好的防水性能，容易清洁，地面防滑性好。常选用的地面材料为陶瓷类的防滑地砖、玻化砖，墙面为瓷质墙面砖、马赛克、不锈钢、玻璃制品等。吊顶除了需要有防水性能，还需要考虑预留管道的检修口和排气扇的安装。卫生间常用的参考尺寸：盥洗台的高度800mm～900mm，深度为480mm～650mm；蹲便器和坐便器的隔间宽度不能小于750mm，深度不能小于900mm。

楼梯、电梯、自动扶梯都是商业空间中的垂直交通工具，它们共同的特点是布置在入口容易发现的地方，和对外出入口有较为紧密的联系。楼梯在普通情况下作为垂直交通、在紧急时是主要的安全疏散通道，因此必须按设计规范进行设计。楼梯在商业空间中还能发挥特殊的装饰作用，为顾客带来流动变化的景观。自动扶梯在大型的综合性商场、超级市场应用非常普遍。它的主要特点是安全、方便、迅速、省时。在许多繁华的商业街就在人行天桥和人行道上直接设置自动扶梯，使顾客能直接由街道进入商业卖场的各楼层。电梯的特点是快速、直接。作为公共通道，电梯厅常采用花岗石、大理石、不锈钢这类坚固耐用的材料（图2-66～2-72）。

图2－66 服装专卖店内的楼梯，线条感的设计营造出时尚感

图2－67 流畅的曲线给整个休息厅带来了韵律

图2－68 吊顶使用了防腐处理的木板

图2－69 带有无障碍设计的卫生间，墙面及地面都采了陶瓷面砖，色彩和谐，布局合理

图2－71 购物中心内的自动扶梯

图2－70 传统风格与现代风格融于一体的电梯厅

图2－72 时尚现代的电梯厅设计

4.辅助区

辅助区则包括商品的贮藏区，内部管理人员的办公区，工作人员的更衣室、休息区等。管理区主要包括办公室、员工休息室、更衣室、仓库、员工卫生间等。

二、餐饮

餐饮空间主要指餐厅、酒吧、咖啡店、茶馆、冷饮店等在现场提供用餐、饮料等服务的商业空间。而现代社会中，餐饮消费正在成为一种生活方式。餐饮空间除了满足合理的功能布局外，就餐环境直接影响顾客的消费心理，并起到体现服务档次、质量的效果。因此，充分利用建筑物空间，营造舒适幽雅的用餐环境，吸引顾客消费是设计的出发点和根本目的。

1.餐饮空间的功能分区

餐厅按功能划分大致可以分为三大部分：就餐服务区、内部管理区、厨房区。就餐服务区主要包括散席区、包房区、宴会厅以及附带的洗手间、等候区、衣帽间、收银区等；内部管理区主要包括管理办公室、员工休息室、更衣室、餐具室、调料仓库、员工卫生间、干货仓库；厨房区主要包括冷菜间、点心室、洗涤区、烹调区、洗碗间、仓库、冷库、出菜间等。

酒吧、咖啡店、茶馆、饮料店均以在店内提供酒水、饮料为营业项目，并为顾客提供舒适、宜人的休息、消遣、交流的场所。其功能划分为管理区、休息区、吧台区。休息区主要包括散席区、包房区、舞池以及附带的音控室、洗手间、等候区等；吧台区主要包括调酒区和收银台。

2.餐饮空间常用的参考尺寸

服务走道宽度不小于900mm；桌子的最小宽度为700mm，高度为720mm；餐椅高度为450mm；4人用方桌最小为900mm×900mm；4人月长方桌为

1200mm×750mm；6人用长方桌最小为1500mm×750mm；8人用长方桌最小为2300mm×750mm；2人用圆桌直径最小为850mm；4人用圆桌直径为1050mm；6人用圆桌直径为1200mm；8人用圆桌直径为1500mm；吧台高1050mm（靠工作人员一边高为900mm）；吧台椅高750mm。

3.餐饮空间的设计原则

（1）空间功能布局合理。一般散席安排在入口处或一楼，包房可安排在楼上或稍隐秘的位置。

（2）动线设计科学合理。特别是传菜路线最好避开就餐路线，服务路线尽量缩短。不同楼层可采纳垂直交通如传菜专用楼梯或专用电梯来缩短服务路线。保证员工与原料从专用通道出入。

（3）装饰风格应与经营品种协调统一，独具特色和影响力。

（4）厨房的尺度应符合相关规范要求，并安排在远离人流汇集点的角落处。

（5）地面材料要耐污、耐磨、防滑、易洁。

（6）餐饮空间应有良好的声学、通风和采光环境。特别是尽量最大限度地引入日光，让人心旷神怡，愉悦畅快。

（7）引入绿色、生态的设计理念，在美化用餐环境的同时使顾客放松心情，减轻压力。

（8）以人为本，注重安全性。餐饮空间是人流量较大的公共场所，所以在材质选择、防火设施和逃生通道的设置以及餐桌的间距等都要符合消防规范，不得马虎。

4.不同类型餐饮空间设计

（1）中餐厅

中餐厅是最普遍、最常见的餐饮类型。由于文化和地域的差异，中餐的用餐环境与西餐截然不同。中餐多采用圆桌，所有菜品全摆放在圆桌上，不采用分餐制，讲究热闹和气氛。

中餐厅的设计要注意以下几点：

①结合现代装饰材料，提炼传统装饰元素进行创新设计，赋予传统餐饮文化以时代气息。

②中餐厅的家具、陈设和灯具的选择要突出整体感和个性化。餐桌的设置要充分考虑不同的需求，分别设置4人桌、8人桌、10人桌等，包房的餐桌尺度可以略偏大。

③灯源的选择要考虑显色性和照度，一般选用白炽灯或节能灯、金卤灯等突出菜品的形态与色彩。包房、走道等空间要充分运用装饰性照明营造气氛。

图2－73 中式餐厅散席

图2－74 中式餐厅包房

图2－75 中式餐厅

④中餐厅的设计应考虑地域性和民族性差异（图2–73～2–75）。

（2）西餐厅

西餐指根据西方国家饮食习惯烹调的菜肴。西餐采用分餐制，按人数准备食品，通常以刀叉为餐具，肉类和面包为主食，多采用长方形桌。西餐厅就是以品尝国外的菜肴，体会异国情调为目的的餐厅。西餐厅环境强调私密性和情趣，既是餐饮的场所，更是人们社交的重要场合。

西餐厅的设计要注意以下几点：

①西餐厅的平面布局通常采用较为规整的方式。

②用现代装饰材料和工艺诠释古典设计风格，或利用乡土材料和绿化营造田园风格的室内，营造富有人文气质的空间氛围。

③西餐厅的照明设计应安静、典雅，以柔和为美，照度控制在100Lx～150Lx。

④讲究家具、陈设和绿化的配置。如用烛台、壁炉、工艺品、鲜花等点缀用餐环境（图2–76～2–81）。

图2–76 墨西哥餐厅在传统风格的环境中运用现代风格的家具及陈设

图2–77 新加坡某西餐厅

图2–78 石材与树木的运用使餐厅具有自然清新的风格

图2–79 墨西哥餐厅以灰色、黑色为主色调

图2–80 现代风格的西餐厅

图2–81 灯光的运用凸显了石材的天然质感

(3) 日式餐厅

日式餐厅主要经营日本料理，如寿司、拉面等特色饮食。由于日本人的生活方式、家居特点，日式餐厅的座位通常分柜台席、坐席、和式席（席地而坐）三种。在餐厅的入口或者和式席的入席处应留有放置鞋的位置；单间利用活动隔断来组织空间。

需要特别指出的是：和式席的单个席位最小尺寸为1200mm×1850mm。其中，和式席的餐桌高度为300mm～350mm，桌面宽度为650mm～1000mm，长度为1200mm～1500mm。

日式餐厅的设计要注意以下几点：

①采用几何感造型，突出简约、精致的设计风格。

②利用卷轴字画、陶器、灯笼、伞作为软装饰的元素。

③在材料的选择上，尽可能地使用草、柱、木、纸等，给人回归自然的感觉（图2-82～2-84）。

图2－82 和式席

图2－83 日式传统风格的包房，利用卷轴字画作为装饰手段，采用草、藤、木等天然材料给人回归自然的感觉

图2－84 几何形的顶面造型，简约精致

(4) 宴会厅

宴会厅与一般餐厅不同，主要用于各种宴会庆典和团体会议，设计重布置和礼仪，体现高贵隆重的特色。宴会厅一般使用长方形格局，靠前设置固定或活动的主席台和相应的服务房间、休息室等。

宴会厅的设计要注意以下几点：

①宴会厅的布局要灵活变化，可用折叠门或屏风进行灵活隔断。

②宴会厅的功能要考虑全面，通常要设置安装舞台灯光、音箱、网线、投影仪等设备。

③宴会厅的一般照度为150Lx～300Lx，多功能宴会厅因为要满足会议需求可达到750Lx。照明方式要体现多样化，通过调光器和分路开关设备以适应不同功能的需求。

④宴会厅的地面经常铺设暖色调的地毯，墙面装饰通常使用吸音性能较好的壁纸、织物软包，吊顶应结合建筑结构、梁柱的位置与大小来进行设计（图2−85～2−87）。

图2－85 凯悦酒店宴会厅，同色系的织物与花卉渲染隆重的气氛

图2－87 凯悦酒店宴会厅，墙面采用织物软包的设计手法

图2－86 君悦酒店宴会厅，紫色的织物与紫色的灯具相互映衬

(5) 风味餐厅

风味餐厅多提供地方特色的菜品和饮料，风味餐厅要表现出浓郁的地域风情，让消费者不用走出国门就会享受到异域美食和异国风情。常见的风味餐厅有韩国烧烤、巴西烤肉、东南亚餐厅等。

风味餐厅设计要注意以下几点：

①不同的风味餐厅有特殊的功能要求，设计时要充分考虑。如韩式烧烤要考虑油烟的排放。

②风味餐厅的家具、灯具和陈设的选择要充满民族特色，风味餐厅的照度可与西餐厅相同，保证100Lx～150Lx（图2-88）。

(6) 快餐厅

快餐厅有中式和西式快餐厅两种，在进行整个空间设计与布局规划时，要统筹兼顾，合理安排。既要考虑到客人的安全性与便利性，又要考虑营业各环节的机能、实用效果等诸多因素。

快餐厅设计要注意以下几点：

①在平面布局上应保证员工有足够的操作空间，尽量避免内部管理区与营业区相同，餐台之间的通道距离、餐桌餐饮的尺寸根据快餐店的规模档次设定。

②安排动线时应缩短服务人员的行走路线，以提高工作效率。

③明亮的光线会加快顾客的就餐速度，因此餐厅的照明要均匀、简洁。

④使用对比强烈、刺激活跃的色调，如红色与黄色（图2-89、2-90）。

图2－88 韩国烧烤餐厅

图2－89 冰岛肯德基店

图2－90 冰岛肯德基店外立面

（7）自助餐厅

自助餐厅就餐方式灵活，除了可自由选择，有的还可自行烹煮。

自助餐厅设计要注意以下几点：

①注意平面布局的合理性。应该把餐具、熟食、半成品、甜点、水果和饮料分类存放。

②自助餐厅的通道比普通餐厅宽，空间明亮宽敞，使顾客在取用食品时走动方便。

③自助餐厅座位设置除了普通坐席外还可设置柜台席，方便独自进餐。

④食品陈列区域的位置应该设置在餐厅的中心部位，以方便每一个区域的顾客都能快捷地拿取食物以及工作人员及时增加菜品（图2-91）。

（8）火锅餐厅

火锅餐厅由于其独特的风味，已经风行全国各地。通常以液化气、电磁炉、固体燃料等作为加热方式，由于其独特的烹饪方式，火锅餐厅在设计时应注意以下几点：

①厨房的设置应与烹饪方式配合，适当增加冷库、料理台和清洁池的面积。

②吊顶的设计要考虑抽油烟系统并通过装饰处理加以美化。

③桌子的设计应结合菜架、燃料管道设备以及电源的设置。

④地面应选择防滑性能良好的材料（图2-92、2-93）。

（9）咖啡厅和茶馆

咖啡厅和茶馆为客人提供茶水、饮料的同时也提供了一个交往和休闲的场所。不同的是咖啡文化起源于西方，装修风格宜采用欧陆风格；而茶文化起源于东方，宜古典、雅致，充盈东方人文气质。

咖啡厅和茶馆设计要注意以下几点：

①咖啡厅和茶馆相对于餐厅要更私密，所以座位以两人座、四人座和六人座

图2－91 凯悦酒店自助餐厅

图2－92 时尚火锅餐厅

图2－93 时尚火锅餐厅

图2－94 极富个性的巴黎咖啡厅

图2－95 极富个性的巴黎咖啡厅

图2－96 极富个性的巴黎咖啡厅

为主，座位和座位之间利用屏风、隔断等分隔以营造私密感。

②咖啡厅和茶馆更重视意境的营造，多采用艺术陈设和绿化点缀空间。

③咖啡厅和茶馆的照度相对较低，50Lx～100Lx即可，多采用装饰照明和低照度的光源创造温馨典雅的空间环境。

④咖啡厅和茶馆若结合其他功能，如餐饮、演艺、棋牌等应充分考虑功能需求，设计宜做相应调整（图2－94～2－96）。

（10）酒吧

酒吧是公共休闲娱乐场所，有清吧和闹吧之分。酒吧的布置根据面积来决定席位数，一般每个席位占地1.1m^2～1.7m^2。

酒吧的设计要注意以下几点：

①酒吧的设计风格更讲究个性化和主题化。

②酒吧的桌椅高度根据顾客的需求相应变化。

③空间布局宜灵活多样，空间的公共性和私密性要相互结合。

④酒吧的室内照明度较低，宜采用没有眩光的点光源和装饰性照明。但是对于视觉中心如吧台和吧柜要重点突出，采用高照度光源。

⑤很受年轻人欢迎的酒吧要增设演出区和跳舞区，装饰风格应倍添活力与动感（图2－97、2－98）。

图2－97 伦敦CARBON酒吧

图2－98 伦敦CARBON酒吧

三、酒店

酒店是一个综合性的商业空间，不但有住宿、餐饮的功能，还有休闲娱乐、购物、商务办公等相关功能。酒店有商务型、观光型、休闲度假型、会议型等类型。根据酒店的建筑装修规格、设施设备及管理服务水平，酒店分为五个等级即星级。不同星级的酒店因档次与投资的关系对设计有不同的需求。

1.酒店的设计原则

（1）功能布局合理

功能布局是酒店设计的核心内容，酒店的功能空间有：客房区、餐饮区、公共活动区、会议展览区、健身娱乐区、行政区等。

（2）风格独特

酒店的市场定位和设计风格也是其卖点之一。通常商务酒店比较简洁明快，度假酒店比较轻松休闲。

（3）突出文化

人文气质是酒店的内涵和气质所在，塑造酒店的文化品位，可以给人愉悦的精神享受。

（4）划分档次

星级标准在一定程度上指导了设计定位，设计师应根据档次的不同定位酒店装饰的风格、设施、工艺和材料。

（5）以人为本

酒店设计也要融入绿色、环保、节能的设计理念，力图为更多人服务。

2.大堂设计

大堂属于公共活动区，是酒店的中心，有入口、总服务台、休闲等候和交通枢纽四部分。其中总服务台是人流会聚的焦点，也是酒店业务活动的中心，应布置在易到达和识别的位置。总服务台的长度可控制在8m～10m之间，两端都应留有活动出入口，并在后侧设置贵重物品保管室和总台办公室。大堂的休息区可分为等候区和大堂吧，方便顾客等候交往也可刺激顾客消费。大堂还有其他功能如购物中心、商务中心、美容美发厅、行李房、卫生间等，设计时要着重考虑空间的组织。

值得一提的是当今许多酒店都设有中庭，兼具了大堂的功能。中庭把室外广场的概念引入室内，让公共空间和公共生活在酒店室内得以延续。中庭的设计要充分利用绿化和景观，是酒店设计的亮点，通过不同的装饰手法，呈现出不同的主题与鲜明的个性风格。中庭与不同层次的通廊相联系，形成内部四通八达的网络，成为酒店人流集散、水平垂直交通的枢纽，并形成趣味中心（图2－99～2－102）。

图2－99 印尼万隆希尔顿酒店中庭

图2－100 凯悦酒店中庭

图2－101 纽约君悦酒店大堂

图2－102 韩国君悦酒店大堂

3.客房

客房是酒店的主体部分，为顾客提供住宿和休息。客房要给顾客带来舒适的享受和家的温暖，从而为酒店赢得良好的口碑。客房可分为标准间、商务套房、高级标准间和高级套房。其中高级套房按照不同的等级和规模，有相连通的两套间、三套间、四套间不等，其中除卧室外，一般考虑餐厅、吧台、客厅、办公、厨房或娱乐等房间。在一些级别比较高的酒店还会设置总统套房。

客房具有睡眠、起居、阅读、储藏、会客、沐浴等功能。相同档次客房装修标准和空间格局可大致相同，越高级别的客房空间尺度和家具尺度越大，装修规格越高。客房常用的设备有床、床头柜、写字台、化妆台、椅凳、行李架、冰箱、电视、衣柜、照明系统、休息座椅、电话、插座、浴缸、盥洗台、马桶等。其中单人床的尺寸最小为1000mm×2000mm，双人床的尺寸最小为1350mm×2000mm。

客房的设计要注意以下几点：

①客房的室内装饰不宜烦琐，陈设也不易过多，比如家具款式应采用同一种风格，在同一房间内织物的品种花色不宜过多，应选择花纹图案较为统一的材料，形成统一协调的格调。

②客房卫生间的地面、墙面常用瓷砖或大理石进行装饰，地面要考虑防滑措施。

③客房卫生间顶棚的设计要考虑防潮及检修口的预留。

④客房还需要有个性化和创新型设计，打破千篇一律的设计模式，为客房设计增添新意，使顾客常住常新，得到心理的满足和愉悦（图2-103～2-106）。

图2－103 埃及开罗君悦酒店洗手间

图2－104 埃及开罗君悦酒店大床房

图2－105 香港EAST酒店客房

图2－106 香港EAST酒店洗手间

4.照明

酒店大堂的整体照明应均匀明亮，重点突出总台，休息等候区照度相对较低，保证其私密性。客房的照明要强调功能，走廊安装顶灯而床铺上面不设置顶灯，用床头灯、台灯、镜前灯、落地灯、衣柜和酒柜灯、夜灯满足不同活动的照明需求。客房走道的灯光要柔和并避免眩光，为顾客营造安静、安全的心理特征（图2-107）。

图2－107 香港EAST酒店外立面

四、娱乐休闲空间

娱乐休闲空间包括：美容美发、洗浴中心、歌舞厅等。

1.美容美发沙龙

美容美发沙龙以形象设计为主要内容。美发沙龙主要功能分区有理发区、洗发区、按摩区、染烫区、休息等候区、收银区、洗手间、更衣室等。其中理发区是重点，要保证干净整洁。美发沙龙强调装饰风格的多样化和个性化，并利用工作台、镜子等独特造型成就空间的趣味性和独特性。理发区的单个理发区域最小尺寸为1880mm（深度）×1340mm（宽度）；洗发区的单个洗发区域最小尺寸为2000mm（深度）×700mm（宽度）。

美容院则以美容、美体为主要功能，主要功能分区有美容室、美体室、淋浴房、休息等候区、接待及收银台、洗手间等。美容院应注重气氛和情调的营造，柔和的灯光、典雅的装饰、个性的家具陈设再辅以柔和的音乐能让客人心情愉悦、精神放松。美容院的色调宜采用偏浅的暖色调，美容美体区以间接照明为主，避免产生眩光。美容美体区域还要保证一定的私密性，可用家具、隔断、幔帘等灵活分隔（图2-108～2-112）。

图2－108 美容沙龙

图2－109 SKIN美容会所

图2－110 日本报春花发型屋

图2－111 日本报春花发型屋

图2－112 日本报春花发型屋

2.洗浴足疗中心

洗浴足疗中心一般有接待大厅、更衣室、洗浴区、休息区、按摩房、美容美发、健身房等功能区域。

接待大厅应强调艺术性和休闲性，光线柔和，风格温馨雅致，按摩房应体现多样化。洗浴足疗中心要注意干湿分区，干区可采用地毯、木地板、墙纸、乳胶漆等材质，而湿区则可采用铝扣板、硅钙板、瓷砖、石材、马赛克等防潮、防腐材料。洗浴足疗中心的灯光应柔和温馨并采用防水防雾灯具，通风设施必须齐备，以确保浴室正常的温度和湿度（图2－113～2－115）。

图2－113 某洗浴中心更衣室效果图

图2－114 某洗浴中心休息区

图2－115 某洗浴中心洗浴区

3.歌舞厅

歌舞厅的形式多样，常见的有KTV和夜总会。

KTV主要以视听为主，为顾客提供自娱自乐的场所。KTV的设计要结合专业音响、视听设备、点歌设备等，考虑隔音和吸音效果。KTV包房的灯光应着眼于整体环境气氛的营造，给人轻松自如的感觉。

夜总会一般设有舞池、舞台和坐席区。舞池的面积以每人两平方米为标准，而坐席区的面积以舞池面积的两倍为宜。舞池与坐席区可用材质的不同、地面的高差、围栏等方式进行区分。舞池上部的舞台灯具应考虑不同的类型和效果，突出声、光、电的多姿多彩和迷人魅力。舞台的照明有白光和色光两种，满足不同类型表演的需求。一般来说，舞台的照度要在100Lx以上，观赏区在5Lx以上，交通区在10Lx以上（图2－116～2－118）。

图2－116　瑞典某夜总会坐席区，用黄铜板材装饰的墙壁和天花渲染出热情的氛围

图2－117　某KTV包房

图2－118　某夜总会声光电的迷人魅力

[复习参考题]

◎　商业空间设计的设计流程包括哪几个环节？各环节相应解决哪些问题？

◎　在进行商业空间设计时应考虑的心理特点有哪些？结合实际案例进行分析。

第二章 商业空间设计的基本元素

— 教学目的

掌握商业空间的设计原则和方法。了解商业空间的墙面、顶面、立面的形态；熟练运用色彩、材质来表现商业空间；掌握商业空间的照明、绿化和陈设的设计方法。

— 教学重点

商业空间的界面处理，商业空间中色彩和材质的运用，照明在商业空间中的作用。

— 教学难点

通过案例的分析和实际项目的设计了解商业空间中形态、空间、材料、色彩的表现手法和规律。

— 建议学时

16课时。

第三章　商业空间设计的基本元素

第一节 ///// 界面

一、界面的概念

空间的界面是指室内的围护体，即围合形成室内的底面、立面和顶面。商业空间设计在完成空间的组织和布局设计之后就要进行商业空间的界面设计。界面具有一定的结构和功能，同时也要满足造型和美观的要求。界面处理是商业空间设计中最吸引人并且最能体现设计理念的元素，它关系到设计能否适用和能否被使用者接受的根本问题。另外，界面设计也是设计师用以传达其设计思想的主要载体。

二、顶面

顶面作为空间中的水平面在视点的上方，对空间效果的影响要比地面大。所以天花的处理在商业空间中起到至关重要的作用。

商业空间中常用的天花形式有以下几种：

1.暴露结构式

结构之美是理性之美和力象之美的结合，许多建筑结构不加或少加装饰性元素也可以得到很好的艺术效果。同时暴露建筑原结构符合高技派和机器美学的审美原则，给人现代时尚、简约纯净的空间感受。当然这种天花的处理方法经济环保又便于操作，越来越受到消费者和业主的喜爱。这种方式在许多大卖场、交通空间和餐饮娱乐空间得到了广泛的应用（图3-1、3-2）。

2.遮掩结构式

商业空间的天花上一般都布置有大量的设备，如灯具、空调、强弱电等设施，并且结构若缺少美感就尽量采用遮掩结构式的天花。遮掩结构式天花又称为吊顶，有局部吊顶和整体吊顶两种。

天花的平面分隔形式有多种，不同形式带来不同的空间效果。但分隔的形式有一定的规律所循，这样才能做出合宜的天花。

图3-1 裸露结构顶面的家具展厅

图3-2 裸露结构顶面的空间

（1）散点式

这种形式比较庄重大气但有失灵动（图3-3）。

（2）条纹式

条纹式天花有一定的导向性，多用于交通空间（图3-4）。

（3）几何式

几何式天花有直线、曲线、方形、圆形等不同形式。几何形式的天花适应性较强，其形态可以根据空间的功能、平面布局、设施布置等因素灵活调整，而且不同形态的吊顶可以相互结合，从而设计出独特、实用的天花形式（图3-5）。

图3-3 某酒店会议厅的散点式天花

图3-4 用于交通空间的条纹式天花

图3-5 方形和弧形结合的几何式天花

三、墙面

墙面作为空间的垂直面是视线的焦点之所在，商业空间的墙面要处理好形状、材质、纹理和色彩等元素的配置。

1.墙面的形态

（1）直线处理手法

直线形态分为水平线、垂直线和斜线三种形式。水平形态的墙面给人稳定、开阔的心理感受，可以用来加强空间的延伸感，打破垂直空间的僵硬感（图3-6）。垂直形态的墙面表现向上的生长力和向下的重力，给空间带来生命力和感召力，抵消低矮空间的压抑感（图3-7）。斜向形态的墙面很有戏剧性和紧张感，带给使用者新奇感和紧张感，使商业空间获得与众不同的视觉与心理体验（图3-8）。

（2）曲线处理手法

曲线是最具张力和表现力的形态，曲线墙面可以给空间增添灵动、活力的气息，用于娱乐、餐饮和销售场所，可以烘托商业气息，引起消费兴趣，赋予空间生命力（图3-9）。

（3）节奏与韵律

墙面线条有规律的大小、虚实、主次的对比与变化成就了墙面的节奏与韵律（图3-10）。

2.墙面的材质

材质是构成形态的要素之一，材质是由视觉、触觉双重感知的，它对于成就空间氛围和效果起到至关重要的作用。

材质由于本身的密度等特征形成不同的质感。光洁材质如玻璃、金属等给人科技感和现代感（图3-11）。光洁细致的材质适用于各种功能空间，但要与粗糙材质进行相应的搭配，以避免光洁材质带来的单调感和距离感。粗糙材质如饰面板材、毛面石材、混凝土、涂料等材料相对更具有人文特质和亲和力，是个性空间营造不可或缺的元素（图3-12）。

不同材质可以同时运用，但要有主有次、有繁有简，切勿把墙面做成涂鸦般的大杂烩。

图3-6 台湾会所洗浴空间水平线墙面

图3-7 交通空间垂直线墙面

图3-8 某酒吧斜向形态墙面

图3-9 意大利miss sixty 服饰店

图3-10 意大利miss sixty 服饰店

图3-11 光洁材质墙面的美发沙龙

图3-12 粗糙材质墙面的餐厅

四、地面

地面是最先被视觉感知的界面，并且还有承重的作用。地面的设计要与空间布局、家具陈设有效结合起来，同时地面的形态与材质设计要有一定的功能性。

1.领域感

围合的形态，如方形、圆形作为独立的图形有一定的领域感，不同材质的地面也可以界定一定的区域（图3-13）。所以在商业空间中两个或多个不同功能或风格的空间若没有垂直分隔，也可用地面来营造领域感。

2.导向性

在商业空间中为了获得经济效益，引导消费者的视线与动线显得尤为重要。地面的设计可通过形态、颜色和材质的处理来实现视觉与人流的引导（图3-14）。在许多商业环境内把导识系统与地面造型结合在一起也是非常多见的。

图3-13 上海金茂君悦酒店电梯厅

图3-14 某超市地面的导向设计

3.安全性

确保消费者的安全是娱乐场所的基本功能。设计地面时一定要考虑材质的防滑性和坚固性，不能给消费者带来伤害。

第二节 ///// 色彩

一、色彩的基本概念

构成形态的三大要素是形体、色彩和材质。色彩会使形体产生不同的视觉和心理效果，如埃及金字塔固有的土黄色给人厚重、神秘的印象，而罗浮宫透明的玻璃金字墙则给人轻盈、高科技的感受。色彩是视觉认知过程中最容易被识别的要素，在商业空间中人们总是先注意到最容易被识别的要素，在商业空间中人们总是先注意到空间和形态的色彩，从而才会被其形态和质感吸引，所以色彩，是商业空间设计中必须研究的基本课题。

色彩是光刺激眼睛再传到视觉中枢而产生的视觉感。色彩来源于光，没有光就没有颜色。物体表面的颜色取决于物体光波反射率和光源的反射光谱。在商业空间中物体色并不是一成不变的，光源对物体颜色的改变也是不容忽视的。

我们能区分数百万种色彩，这包括了无彩色和有彩色。我们用色相、明度和彩度这三大要素来区分不同的颜色。在商业空间设计中，设计师通常用色彩来营造空间、表情和灵魂。色彩的运用重在搭配，凡·高曾经说过："没有不好的颜色，只有不好的搭配。"

色彩的搭配要注意对比和搭配。

色彩的对比和调和是相辅相成的，绝对的对比会产生刺激，而绝对的调和则显得苍白无力，所以一般的处理手法是对比中有调和，调和中有对比。

图3-15 麦当劳门头

图3-16 爱知世博会西班牙馆

图3-17 对比色的餐厅　图3-18 明度对比的接待空间

1.色彩的对比

对比可以突出商业空间的特点和功能，如突出重要部位、出入口、交通空间等（图3-15、3-16）。对比还可以强调空间的主体，营造空间氛围。

色彩的对比指色相对比、明度对比、彩度对比及冷暖对比。

（1）色相对比

色环上直径相对的颜色对比称为互补色，如红与绿、蓝与橙、黄与紫，它们搭配在一起还可以使物体更加鲜明夺目（图3-17）。

（2）明度对比

明度最大值为白色而最小值为黑色，明度高感觉偏冷、质感光滑，而明度低感觉偏暖，质感粗糙。明度高的色彩扩张性强，而明度低的色彩则比较内敛。要让商业空间中的某一形体突出，就要加强它与周围色彩的明度差（图3-18）。

（3）彩度对比

彩度又指色彩的饱和度，在灰暗的环境中用高饱和度的色彩可以突出对象。商业空间中虽然要用彩度高的色彩表现色彩的注目性和传达性，使室内生动活泼，也要大面积采用灰色系形成丰富的情趣，给空间营造知性和舒适的色彩环境（图3-19）。

（4）冷暖对比

色彩的冷暖与生理反应和心理反应有关。一般明度高的色彩比明度低的色彩冷，彩度高的色彩比彩度低的色彩暖。冷暖对比用于商业空间的常用手法是以某种颜色（如暖色）为主调，再衬以小面积的“对比色”（如冷调）来创造丰富多彩的室内空间（图3-20）。

图3-19　彩度对比的餐厅

图3-20　冷暖对比的办公空间

2.色彩的调和

调和符合形式美法则中的“统一”和“秩序”的审美特征。协调的色彩适合长久置身其中，不易产生视觉疲劳，容易被大多数人接受。快餐厅的色彩多强调对比，营造快捷生动的空间氛围。而中餐一般持续的时间较长，所以中餐厅强调色彩的调和，可以让消费者慢慢享受、玩味。

色彩的调和有以下几种方法：

（1）同一调和

同一调和包括同色调和、同明度调和、同彩度调和、无彩色系调和。若色彩三要素中色相相似则变化明度和饱和度，若明度接近则变化色相和饱和度（图3-21），以此类推，这样空间的色彩在统一中求变化、在变化中求统一。

（2）类似调和

类似调和是指孟塞尔色立体上相距2～3阶段的色彩组合，相距阶段越小调和度越高，反之则越低。色立体中间部位的色彩调和度高，反之则调和度低（图3-22）。

（3）对比调和

如果色彩三要素都处在对比状态，从而可得到生动、鲜明的色彩效果而形成对比调和。如娱乐场所中以活泼、强烈的色彩营造视觉焦点和明快、生动的氛围（图3-23）。

图3-21　彩度相同色相变化的客房

图3-22　黄色绿色调和的酒店大堂

图3-23　木星卡拉OK的色彩对比

二、色彩的心理反应、生理反应和物理反应

人的视觉对色彩会产生自动的生理平衡，这就是色彩的补偿现象。人眼看到某种颜色时会同时要求与之相对的补色。若一张白纸的中间有一个红色的色块，长时间注目这个物体则会在周围看到若隐若现的绿色。这就是在演艺场所中蓝光灯的用途，娱乐场所多用暖色系的彩灯营造主体氛围，但若要打追光或跳跃光时通常会用蓝光灯，这样既可满足人类的色彩补偿需求，也可以达到对比调和的效果。

不同的颜色引起的视觉效果也会反映在物理层面上，如温度、距离、重量、尺度等。

1.温度感

温度感，又称为冷暖感，这与人类的生活经验有关。色彩的冷暖用于塑造不同的空间氛围。娱乐场所用暖色调烘托其热烈、奔放的气氛；餐饮空间用清洁、明快的调子，如水果色以刺激人的食欲；而客房则适宜用中性偏暖的色彩让人放松、愉悦（图3-24）。

2.距离感

暖色系和明度高的色彩有前进和扩张的感觉，能够拉近视距；而冷色系和明度低的色彩给人后退、内敛的印象。我们可以运用色彩的距离感，来改变不合适的尺度感。如穿衣服，丰满的人适合穿后退色显瘦，而纤细的人穿前进色则可以加重分量感。如层高过低时可用前进色减轻压抑感；柱子过细时用前进色减弱纤弱感，而柱子过粗时则采用后退色，使之看上去不那么笨拙（图3-25）；空间过小时也采用前进色，使场所看上去体量更大（图3-26）。

3.重量感

色彩的重量感与色相、明度和饱和度都有关系。明度高的色彩轻快，而明度低的色彩稳重；暖色系给人感觉轻盈明快，而冷色系则相对厚重；饱和度高的色彩感觉轻，而饱和度低的色彩感觉重。在商业空间设计中应合理应用色彩的重量感，从顶面到墙面再到地面应依次厚重，避免给人头重脚轻的感觉（图3-27）。

4.尺度感

色彩的尺度感与色相和明度有关系。暖色调和明度高的色彩有扩散感，而冷色系和明度低的色彩有内聚感。所以小店铺最好采用暖色或亮调（图3-28），而只有空间尺度相对较大的卖场才可用冷色或暗调。

色彩有一定的象征和喻义性，使人的心理对色彩产生不同的联想。这主要与色彩的色相有关系。波长相对较长的红、黄和橙色使人温暖，同时也让人联想到火、太阳，而波长较短的蓝色、绿色是水反射出的颜色，让人感到凉爽，使人联想到水、冰雪。另外，暖色调给人兴奋感和华丽感，冷色调给人沉着感和朴素感，暖色有致密、干燥的感觉，而冷色则有稀薄、温润的感觉。在生活中不同心理感受的色彩并不是单独出现的，两者之间是对比协调的辩证关系。如洗浴中心的设计入口处多采用温暖

图3-24 暖色调的酒吧

图3-26 白色调的内衣专卖店

图3-25 奥运专线北土城路站

图3-27 重量感怡人的专卖店

图3-28 大尺度感的暖调和亮调

图3-29 迪拜七星酒店冷调的洗浴区

图3-30 暖调的私人休息区

图3-31 香港海逸酒店中庭

图3-32 奥运专线北土城路站

的黄色，给人接纳感和放松感，水浴区则采用干净而湿润的冷色调，给人清凉、心旷神怡的享受（图3-29），而休息区域则会用干燥、温暖的暖色调，让人感觉幸福温情、流连忘返（图3-30）。

色彩的心理特征既有共性也有特性，它还与历史、地理和人文背景有关。对于设计师来说，了解色彩的心理效应有助于游刃有余地运用色彩，赋予室内空间深层次的意义。

三、商业空间色彩设计的基本要求和方法

商业空间色彩设计原则：

1.适用性原则

功能是设计过程中首要考虑的问题，不同功能空间有不同的色彩需求，我们要满足适用性原则，具体问题具体对待。同样是餐厅，川菜餐厅适合用朱红、咖啡等麻辣色调刺激兴奋的味觉感官，粤菜餐厅则可用黄色、浅绿、浅紫等给人淡雅、回味悠长的感觉，而清真餐厅要尊重穆斯林的民族传统不用或少用红色系，多采用黄、绿、蓝、白等宗教色彩。

2.统一性原则

色彩的协调应表现为对比中的和谐和对比中的烘托。在商业空间的配色过程中，应着眼于空间的整体效果，因为统一协调是能经受得住大多数人检验的形式美法则，所以掌握好配色原则，就会使空间的色彩舒适且具有亲和力（图3-31）。

3.提高性原则

色彩的运用可以弥补空间尺度上的缺陷和功能上的硬伤，前面提到的色彩的物理和心理效应可以引导人们进一步削弱空间的缺点，并突出空间的优点。

4.地域性原则

商业空间的色彩设计除了要遵循一般规律，还要尊重特殊规律，尊重一定的人文特征和地域特征，因为不同的地域、民族和宗教对审美的要求有所不同。奥运地铁站的设计运用了大量中国特有的色彩，如中国红、水墨黑、青花蓝等，让中国特色得到最大限度的放大和传达（图3-32）。

5.符合审美法则

既然商业空间设计带有艺术的成分，那么遵循审美法则是毋庸置疑的。在设计过程中应充分发挥室内色彩对空间的美化作用，处理好统一与变化、协调与对比、主体与背景的关系。

第三节 ///// 材质

材料犹如商业空间的外衣，使空间呈现出多姿多彩的表情。如今商业空间的材料选择呈现出高端化和多样化的趋势。对于设计师来说，了解不同材料的特性和使用原则是设计的基本技能。合理选择材料关系到商业空间功能是否合理、效果是否美观。

一、木材

木材在商业空间中使用非常广泛，首先它具有质量轻、强度高、易加工、美观大方的优点，其次它是天然材料与人类亲自然性的本能相一致。但是在设计过程中还要考虑木材的缺点，如易变形、易燃、不均匀等，取长补短。

木材的使用方法：

1.用于基层

商业空间中墙面、顶面和地面的隐蔽工程多采用木材作为龙骨和基层板，这是因为木材非常容易加工，延展性好，对于曲线形、复杂形状也能加工。

2.用于面层

木饰面给人亲切自然和温馨朴实的感觉，木材的色彩和纹理多彩多姿，装饰效果美观大方（图3-33）。木饰面除去本身良好的色彩和纹理效果之外，还可以通过表面涂刷不同的油漆得到不同的装饰效果。

二、石材

石材的种类也是多种多样，装饰效果不尽相同。石材的质地较坚硬，耐磨耐腐蚀，加工度高。

石材的使用方法：

1.质地

大理石的质地较软但颜色和纹理相当优美，多用于墙面，地面一般做小面积的拼贴。花岗岩由于是火成岩，构造致密，属于硬石材，多用于商业空间的外立面和室内地面。

石材的表面由于加工方法不同有光面和毛面两种不同质地，前者用的是抛光工艺，石材表面的反射度很高，非常光洁，多用于墙面和室内地面（图3-34），后者多用于外立面和室外地面（图3-35）。

2.规格

石材的平面尺寸由荒料的开采尺寸决定，常见规格符合建筑模数。一般用于商业空间墙面的石材，干挂工艺需要2.5cm以上的厚度，湿贴工艺在2cm以上即可。地面石材若用于室外需要2.5cm以上的厚度，用于室内在2cm以上就可满足使用要求了。

3.纹理

石材纹理疏密、形状的方向性和连续性使石材的装饰性非常强。点状花纹的石材方向性较弱，既可大面积铺贴又可用于镶嵌、组合等形式。直线花纹的石材如木纹石、虎皮石等有突出的流动感、条理性和连续的韵律感。在商业空间设计中可拼贴成直线、斜线和团状花纹产生动感而有趣的装饰效果。曲线和弧形花纹变化多端，形象丰富（图3-36）。

图3-33 木材良好的装饰效果

图3-34 运用光面石材的酒店大堂

图3-35 毛面石材室内

图3-36 韩美林艺术馆石材的运用

图3-37 温少安设计的陶瓷展厅

3-38 温少安设计的陶瓷展厅

图4-39 马赛克装饰的服装店

4-40 马赛克装饰的服装店

三、陶瓷

在商业空间中运用的陶瓷有器皿、瓷砖、卫生洁具三大类。科技的发展给陶瓷工具带来了新的契机，我们现在可利用的陶瓷已经远远超出我们的想象。瓷砖根据制作工艺的不同可分为釉面砖、通体砖、抛光砖、玻化砖、仿古砖、马赛克等，主要用于墙地面装饰（图3-37～3-40）。商业空间的人流量较大，陶瓷耐磨性和清洁度相对石材要高。其纹理和质感还可以仿木材、壁纸等材料的装饰效果。

陶瓷同时又是公共艺术的主要材质，它的可塑性极高，可以制作成形态各异的艺术品，为空间增添艺术气息。

四、玻璃

玻璃具有透光透视（图3-41）、隔声隔热、质轻光洁的特质（图3-42），不仅是制作门窗的好材料，还被广泛运用在商业空间的墙体、顶面甚至是地面上。

玻璃可分为平板玻璃和特种玻璃。平板玻璃主要用于门窗。特种玻璃的种类很多，磨砂玻璃因为表面粗糙只能透光不能透视，可用来制作隔断、灯片等（图3—43）。彩色玻璃有透明和不透明两种，极富装饰性，在商业空间中应用非常广泛。不透明的彩色玻璃又称为背漆玻璃和聚晶玻璃，还可做成不同的纹理、颜色和图案（图3—44）。喷花和刻花玻璃的图案可订制，可以用来营造个性空间。玻璃砖又被称为“透光墙壁”，既可隔音隔热、耐火耐水又可透光，同时强度较大，既可用于室内的隔断、通道、门厅等，又可用于室外墙面。而玻璃马赛克稳定性好，美观大方，可用来突出商业空间中的时尚气息（图3—45）。另外，用于外墙的镀膜玻璃透光而不透视，中空玻璃降低传热传导，是节能的好材料。在商业空间中玻璃可与金属、涂料、

图3—41 某会所玻璃外墙夜景

图3—42 玻璃光洁轻快的表情　图3—43 磨砂玻璃墙面透光不透视

图3—44 台湾某洗浴中心背漆玻璃墙

图3—45 某专卖店的马赛克墙体

图3—46 某酒店电梯厅入口

木材等材质搭配再辅以灯光，营造现代、干净、晶莹剔透、极富层次感和韵律感的空间氛围（图3—46）。

五、金属

金属是工业气息和现代气息很浓的装饰材料，质地坚硬，延展性和加工性高，辅以各类涂层和工艺，还可耐腐蚀抗酸碱（图3—47）。

常用的铝和铝合金制品有铝板、铝塑板、铝合金门窗、玻璃幕墙龙骨、轻钢龙骨、铝合金百页、铝合金吊顶等。铝制品质量较轻、稳定性好，是制作外墙的优秀材料。另外铝制品还可制作成不同色彩和图案，并可任意冲孔、切割，有很好的装饰效果。

不锈钢制品有镜面、磨砂面、拉丝面、彩钢面等不同的表面处理方式，既保留不锈钢的抗腐蚀

图3-47 深圳会展中心室内

图3-48 冲孔彩钢板围合的空间

图3-49 冲孔钢板饰面的售楼部

性，又提高了装饰效果（图3-48、3-49）。

铜属于贵金属，常用的制品有铜板、铜管、黄钢薄壁管等，可做商业空间的墙柱面装饰，也可用于楼梯、栏杆等配件。

六、壁纸与织物

壁纸与织物具有触感舒适、柔软的特征，不仅可以美化环境还具备一定的使用功能。如幔帘可以用来分割空间（图3-50）、地毯可以用来界定空间（图3-51）、窗帘可以用来遮光等（图3-52）。人类对柔软温暖的东西产生天生的好感，商业空间采用色彩协调、质地柔软、纹理丰富的壁纸和织物可以柔化环境、调和气氛（图3-53）。

壁纸和墙布的做法多为覆盖粘贴，不仅用于墙面，还可用于顶面。织物则可悬挂、蒙面、覆盖和铺垫。公共商业空间私密性的空间如客房、休息室等可以大面积使用壁纸与织物， 以塑造温馨和舒适感。

织物与壁纸本身具有很强的地域特征，在不同风格的室内采用带有身份特征的织物与壁纸可以更好地传达理念和地方特色。如中式空间可用“福寿纹”、“团花纹”、“如意纹”等具有中国特色的壁纸和织物（图3-54），而欧式风格则可用碎花或条纹图案（图3-55）。

图3-50 分割空间的幔帘

图3-51 界定空间的地毯

图3-52 遮光的窗帘

图3-53 MISS SIXTY服饰店织毯墙地面

图3-54 中式风格客房壁纸

图3-55 欧式风格客房壁纸

七、塑料

塑料有很强的可塑性，可以制作出不同尺寸、色彩和形状的物体，并且其本身强度较高，价格低廉。

商业空间中常用的塑料制品有装饰板材、有机玻璃、塑料复合板材、塑料地板、吊顶等。塑料的色彩丰富，接缝规则有很强的装饰效果，并且塑料制品质轻绝缘，化学稳定性好（图3-56）。但是塑料易老化、易燃，耐热性差，在使用过程中要避免用于高温环境，如娱乐场所的顶面、厨房墙面与台面等。

图3-56 某酒吧的塑料隔断

八、涂料

涂料可以起到保护和美化装饰构件的作用，施工快捷而简便，价格低廉，在色彩、质感和光泽上都有不错的表现力。

在商业空间中经常用乳胶漆。乳胶漆有良好的保色性、物理性能和防污性，并且快干、安全无毒、施工方便。现今乳胶漆的延伸产品非常多，如防水乳胶漆（图3–57），用于木器的油漆有调和漆、清漆和磁漆等。调和漆是不透明的，可以做出色彩鲜明、光泽度好的饰面。而清漆和光漆多是透明漆，可以保留木材本身美丽的纹理和柔和的色彩，同时可保护木材基层不受腐蚀和损害（图3–58）。

九、材料的使用原则

1. 实用性原则

商业空间中的功能需要用材料来实现，设计师也可以利用材料的属性来解决实际问题。如玻璃可以解决室内采光问题，石材可以满足承重、耐磨、防水等要求，铝合金由于质量轻、性能稳定可以降低吊顶的重量并可用于室外。材料并不是越名贵越好，而是越合适越好。商业空间的材料选择除了良好的装饰功能外，还要有一定的安全性、耐火等级和耐久性。

2. 节约性原则

材料费用占到工程造价的六成以上是很常见的现象，要控制成本就要在材料上下工夫。设计师需要了解材料的性能和规格，在设计形态的尺度时要符合材料的基本尺寸。如板材的规格为1220×2440，设计尺寸应尽量采用300、600、1200这样的等分数，可以减少材料浪费并易于施工。

3. 绿色生态性原则

现今全球普遍关注维持生态系统、保护生存环境、合理利用资源这三大问题。商业空间设计的生态性原则表现在选用绿色建材，不浪费、堆砌材料，合理利用天然材料和能源性材料（图3–59）。

图3–57 防水乳胶漆的应用

图3–58 木器漆的应用

图3–59 某餐厅绿色生态化设计

第四节 ///// 照明

一、商业空间中照明的作用、方式和分类

人类从外界感知到的信息80%来源于视觉，而视觉的决定性因素是光，光赋予物体和空间以生命力。照明不仅提供了基本的视觉功能需要，还能创造特定的空间氛围，并影响人类对外界信息的感知。

1. 商业空间中照明的作用

（1）为视觉活动提供基础

人类的视觉活动依赖于光，特别是商业空间要突出商品的吸引力和可见度，提升商品的外在形象，就必须依靠照明来强化商品（图3–60）。

（2）成就空间的安全感

安全感是人类对空间的基本需求，特别是商业空间作为公共空间对大多数消费者来说都很陌生，灯光让空间可见的同时也会消除心里的恐惧和焦虑（图3–61）。

（3）创造特定的空间氛围

“光”与“影”的舞蹈是世间最优美、最梦幻、最不可思议的景象（图3–62）。商业空间需要表达特定的商业气息，以加强商业主题，吸引消费者（图3–63）。

图3–60 某服饰店强化商品的照明

图3–61 光让透明物体可见

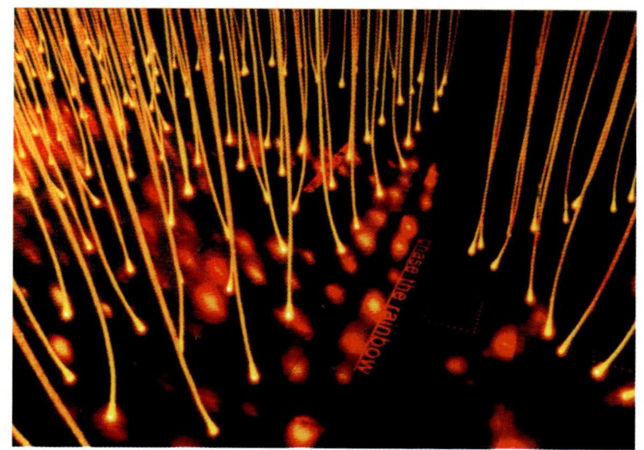

图3–62 光创造空间氛围

2. 商业空间照明方式

（1）泛光照明

这是一种基础照明方式，目的是把整个空间照亮，灯光效果均匀柔和（图3–64）。

（2）物体直接照明

其光线直射于目的物，突出光的特征并强调重点，完美呈现商品的形态、色彩和质感（图3–65）。

（3）重点照明

它是针对商业空间中的某个重要物品或重要空间的照明。如橱窗、背景墙、艺术陈列品等需要充足的照度突出重点（图3–66）。

（4）氛围照明

氛围照明又称为装饰照明，可以增加空间的立体感和层次感，烘托空间的艺术氛围，创造特定的情调。氛围照明可利用泛光灯、霓虹灯、激光发生器等设施实现（图3–67）。

（5）应急照明和安全照明

这是公共场所中在意外发生时能被启用并疏导人流的照明方式。

图3–63 某餐厅的光影效果

图3–64 服装店的泛光照明

3. 商业空间中使用的灯具类型

（1）天花灯具

天花灯具包括吊灯、吸顶灯、嵌入式灯具、发光棚和暗藏灯槽。

吊灯照明范围大，用于空间的基础照明。吸顶灯与吊灯的性质类似，可用于较低矮的空间。常见的嵌入式灯具有筒灯、射灯和格栅灯。嵌入式灯具可用于直接照明和重点照明，不破坏吊顶的整体效果且不易产生眩光（图3–68）。发光棚多采用磨砂

图3–65 服装店的直接照明

图3-66 酒店的重点照明

图3-67 酒吧的氛围照明

图3-68 吊灯和嵌入式灯具照明

图3-69 发光棚照明

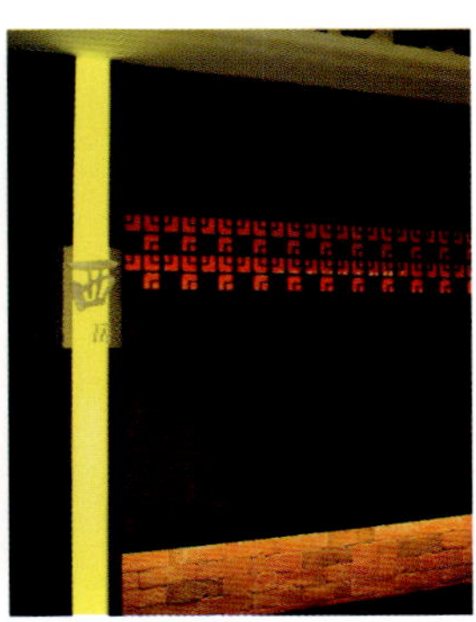
图3-70 暗藏灯槽照明

图3-71 酒店中的壁灯照明

图3-72 酒店中的台灯照明

玻璃、彩色玻璃、压克力、透光膜等透光材料，照度均匀，发光面积大，空间开敞明亮（图3-69）。暗藏灯槽起到氛围照明的作用，可以渲染室内气氛，营造空间的层次感（图3-70）。

（2）壁灯

壁灯与其他形式的灯具配合使用可以增加商业空间的层次感，丰富灯光效果（图3-71）。

（3）台灯、落地灯与地脚灯

这组灯具的安装位置最富亲和力，既有一定的功能性，也有一定的装饰性（图3-72）。

二、商业空间照明设计原则和程序

1.商业空间照明设计要素

（1）照度

照度与灯具的功率以及灯具与物体之间的距离有关。满足照度要求是商业照明最基本的要求。商业空间中的一般照明要求100Lx～750Lx，重点照明要求200Lx～1000Lx，橱窗等特别陈列的区域则要求500Lx～3000Lx。

（2）色温

色温是光源色的品质表征。大家会有这样的生活经验，在店铺中选好的商品拿到日光下经常会发现颜色有变化。这是因为不同的光源产生的辐射光谱分布不同，使得被照物体的色彩发生相应的改变。色温越低，色彩越容易偏暖，色温越高，物体色彩越容易偏冷。在商业空间中使用高照度、高色温的照明会给空间营造明快而活跃的氛围，比较适合娱乐场所和购物环境（图3-73）。低照度、低色温的照明营造宁静、温馨的气氛，比较适合茶室、客房等空间（图3-74）。同一个空间中应尽量使用同种色温的光源，使空间色调统一。

（3）灯具

灯具除了使用功能之外本身就可能是一件精美绝伦的艺术品，具有一定的艺术特质。合理选择灯具会使空间的光影效果增色不少（图3-75）。商业空间中需要重点照明的商品、陈列品等可采用投光灯或射灯，泛光照明的场所可采用荧光灯，对色彩分辨要求较高的空间可采用低压卤素灯、荧光灯等。

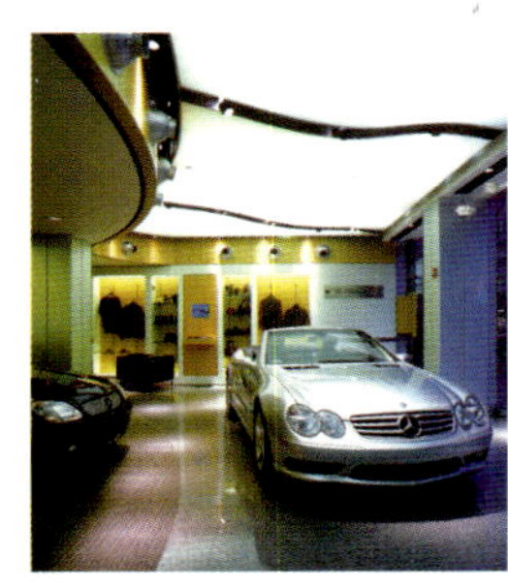
图3-73 购物场所高色温高照度照明

图3-74 餐厅低色温低照度照明

图3-75 意大利专卖店

图3-76 上海波特曼丽嘉酒店

2.商业空间照明设计原则

(1) 功能性

首先商业空间的照明设计应满足不同功能空间对照度和色温以及照明方式的要求。色温与照度最好成正比，如高色温高照度、低色温低照度，这样空间照明效果与消费者的经验一致，不会觉得别扭。

(2) 安全性

商业空间的照明设计应符合国家相关的技术规范要求，因为公共场所的危险因素，如火灾、意外等多与照明有关系。另外，灯具和线路的设计要考虑日后的维护与检修。

(3) 艺术性

商业空间应该是功能和装饰两者兼顾的场所，艺术性是商业空间更高层次的需求。设计师利用灯光效果可以很容易达到渲染环境气氛、美化环境的目的（图3-76）。

(4) 经济性

降低能耗、减轻经济损失是设计师的职业道德之一，这不仅仅是减轻业主和消费者的负担，也是促进社会和谐发展的方式。在商业空间中应尽量多使用直接照明和光通利用率较高的灯具，提高灯光的使用效率。

3.商业空间照明设计程序

(1) 明确照明设计的目的与用途

首先要明确空间的用途，然后确定照明所达到的目的，如减少眩光、烘托气氛等。

(2) 确定空间的照度

首先根据国家的相关规范要求和业主的需求确定空间的照度，之后根据使用功能合理分布照度。

(3) 选择光源

光源的选择要考虑色温及其心理效应、发光效率、使用寿命、表面温度这四项使用特征，同时还应该考虑光源的形式和色彩与整体空间装饰风格一致。

(4) 确定照明方式

根据具体要求来选择照明方式，如游泳池、健身房等空间可以只选用直接照明，弱化顶面；KTV、茶室等空间则需要以漫射照明和间接照明为主角以成就空间的私密感和氛围感。

(5) 确定灯具位置和电气设计

计算各光源的直射照度并确定灯具的数量和布置形式，最后进行电气设计。

第五节 ///// 家具与陈设

一、概述

商业空间的家具与陈设不仅仅有使用功能和审美功能，还是构成空间意境和氛围的主要元素。家具相对重视使用功能，而陈设相对重视装饰功能与精神功能。

1.家具的作用

(1) 使用功能

家具的起源就在于为生活服务，满足使用功能是家具最基础的职能（图3-77）。

（2）空间划分的功能

商业空间中可以利用家具组织空间，如销售区域的货架和展台可以围合区域、组织人流。家具还可以分隔空间，这种分隔方式可以充分利用空间并且不破坏空间的统一感，使空间隔而不断。

（3）精神功能

家具本身渗透着艺术风格和审美特征，优秀的家具设计可以增加空间的内涵并陶冶使用者的情操。家具还传达出强烈的地域特征和民族特征，表达空间的个性化。

（4）装饰功能

家具本身可以作为一件艺术品具有相应的观赏价值。在商业空间中设计师会用家具来协调室内的风格和色调。如现代中式风格会在现代风格的室内布置中式家具，使两者得以糅合（图3—78）。

2.陈设的作用

陈设的基本目的是表达一定的思想内涵和精神文化。陈设可以对商业空间意境的营造、气氛的渲染、形象的塑造起到举足轻重的作用。陈设还可以反映出文化特质、地域风情、民族气质和个人修养。

二、固定家具设计

商业空间中的固定家具主要起陈列商品的作用，固定家具的布置形式有中心型、摊位型、阶梯型和景观型。固定家具是在商业空间装修过程中设计制作的，大多是商业空间设计师自行完成设计再经现场施工而成的。

固定家具设计原则如下：

1.高效性原则

依据人体工程学的原则探求固定家具对人体支撑点位置、尺度、角度和动态适应度进行全方位考量，力图减少体力和损耗（图3—79）。

2.绿色化原则

绿色家具设计是指在设计过程中使用环保材料并考虑家具的可回收性、低污染性、可维护性和可重复利用性等。

图3—77 家具的使用功能

图3—78 家具的装饰功能

图3—79 某商店合理地固定家具尺度

3.功能性原则

商业空间中的家具应与日益丰富的生活内容相一致，尽可能满足不同人群的需求。如酒店客房控制台的尺度要比一般的床头柜大且高，这样才方便客人不用起身就对房间的相关设施进行操控。

图3-80 形式新颖的展架

4.美观性原则

设计师要充分利用新材料和新工艺变革固定家具，给固定家具增添多元、生动、美观的特质（图3-80）。

三、可移动家具的选择与布置

可移动家具包括折装式家具、通用部件式家具、组合式家具、支架式家具、多用式家具、折叠式家具等。可移动家具具备了陈设的作用之外还具有一定的观赏价值，传达出空间的品质和艺术风格。

可移动家具的选择：

1.造型要素

可移动家具的造型需要与商业空间既对比突出又协调统一（图3-81）。若空间本身缺少视觉中心，就用可移动家具塑造视觉焦点，给人注目感和稳定感。若空间比较低矮则可选用细直线的家具给人纤细、轻盈、刚直的感觉。若空间比较方正硬朗则可采用曲线家具表现活泼、轻快、动感的意味。可移动家具还构成了空间的虚体和实体，带来强烈的性格对比。

2.色彩要素

在商业空间中家具与室内各界面之间采用调和的手法可使空间和谐统一，给人宁静优雅之感；若采用对比手法家具的色彩亮丽明快，则给人活泼生动之感。在商业空间中若要突出重点，背景色调应尽量以低纯度为主，而家具和陈设的色彩选用赏心悦目的高纯度色彩，这样可以缓解视疲劳并获得丰富典雅的视觉效果（图3-82）。

图3-81 香港海逸酒店总统套房

图3-82 爱知世博会韩国馆

图3-83 玻璃材质家具

3.材质要素

设计师可以利用材质的对比以获得生动的家具造型效果。家具材质在一定程度上反映了室内风格。如田园风格多采用藤木、原木、根雕、石材家具，现代风格多采用玻璃、金属、彩色油漆和彩色塑料家具（图3-83）。

4.空间属性要素

商业空间的功能约束了不同类型家具的选择，设计师在选择家具时要明确家具的属性，在不同场合放置不同规格、造型、材料、颜色的家具。如舞厅和快餐厅的桌子尺度不用太大，但一定要坚固、易洁。

四、陈设

商业空间的陈设可分为实用性陈设和装饰性陈设两大类。实用性陈设如布艺织物、灯具屏风等以使用功能为主兼有审美性，装饰性陈设没有使用功能，如书画、雕塑、花瓶等，仅以观赏性为主。

1.商业空间陈设布置的制约因素

（1）陈设品自身特性

实用性装饰品首先要考虑其实用性，其次才是装饰性。如酒店客房是休息空间，需要厚重、遮光的窗帘，而餐厅是公共用餐环境，私密性不高，可以用轻薄、飘逸的纱帘。对于装饰性陈设则要考虑其在室内环境中的装饰效果，提升商业空间的内涵和艺术魅力。

（2）环境的特性

陈设品需符合其所在空间的特性才能起到渲染气氛、美化环境的作用（图3-84），如餐厅要让人有良好的食欲，可采用娇艳欲滴的水果和饱满诱人的食物做陈设品，商场需要全方位展示商品就要用模特儿陈设服饰。

（3）投资方和使用者的爱好

每个投资方和使用者因为职业、文化背景、年龄、性别、性格等差异对商业空间的陈设布置要求不同。如茶室的使用者多为30岁以上的商务、休闲人士，可以放置古色古香的收藏品作为陈设，而咖啡馆的使用者稍年轻，可以采用时尚的画、壁灯、雕塑等来进行布置。

（4）民族特征和地域特征

陈设布置应考虑民族性和地域性的差异，尊重不同民族和地区的生活方式和喜好。同时陈设犹如民族和地域特征的标签，本身就传达出不同的人文效应和民族气质（图3-85）。

2.陈设布置与选择的原则

（1）满足功能要求

室内陈设应与使用空间的性质协调一致，反映深刻的文化内涵，塑造独特的环境氛围，而避免华而不实的误区。

（2）遵守形式美法则

首先陈设品的尺度要与商业空间的空间尺度和家具尺度形成良好的比例关系，其次陈设品的用材和色彩也要与商业空间的装饰风格和家具风格协调一致。

（3）布置方式和位置合理

室内陈设的布置方式有墙面陈列、桌面摆设、单独陈设、橱窗展示和悬挂陈设五种。设计师可根据陈设的目的、陈设品本身的性质、空间的尺度特征等选择正确的陈设方式（图3-86）。

图3-84 KENZO橱窗陈设

图3-85 陈设的地域特征

图3-86 商品陈设的不同方式

第六节 ///// 绿化

热爱大自然是人的天性，商业空间为了吸引消费者，充分为消费者服务，利用植物和山水装饰空间已非常普遍。

一、绿化的作用

1.改善室内环境

绿色植物的光合作用可以帮助调节室内气候，许多植物还有净化空气、杀菌吸尘的作用，并且绿化还可以降低室内噪音。

2.美化环境、活化空间

绿色植物生动的形态、美丽的颜色、怡人的香气、清新的质感都显示出蓬勃的生命力和独特的艺术感染力，使人得到美的享受。绿化的生动与飘逸可以调和现代商业空间的冰冷感，柔化了空间形态，并能装饰和弱化空间的死角和缺憾（图3-87）。

3.组织空间

首先绿化可以分隔空间，这种分隔方式可强化空间的渗透感、增添层次感。其次绿化可以引导空间。这种导向方式更加亲切自然，更加鲜明、吸引人。在商业空间中利用绿化联系室内外空间，把室外的景致延伸至室内，可以起到过渡和渗透空间的作用。最后绿化可以强化空间的重点，很容易吸引人且装饰效果强，是室内环境的焦点所在（图3-88）。

4.满足精神需求

绿色植物会让人感觉心旷神怡、怡然自得，有助于消费者消除疲劳、怡心养智、可以满足人们崇尚自然的心灵感受。同时绿化还有一定的精神隐喻作用，我国自古就有“梅、兰、竹、菊四君子”以及“仁者爱山，智者乐水”的传统，给商业空间增添精

图3-87 深圳机场的绿化布置

图3-88 酒店中庭绿化

图3-89 某售楼部的景观植物

神和人文层面的内涵（图3–89）。

二、绿化的布置方式

1.重点装饰

绿化布置在空间的中央位置并突出其色、香、味、形，使其成为视觉中心。这种方式多用于酒店大堂、餐厅、大型购物商场中庭，与宽敞明亮的室内空间相映成趣，增添生气与活力（图3–90）。

2.边角点缀

空间硬朗的阴角和阳台让人觉得突兀和不自在，把植物布置在墙边角处、楼梯底部、家具旁边可以柔和场所，弥补不足（图3–91）。

3.立体布置

绿化植物以高低不同分列，按占空间大小份额前后布置可以给空间营造立体氛围和层次感（图3–92）。

4.与家具陈设结合布置

家具陈设若没有绿化的映衬会显得呆板生硬，若与绿化一起布置会产生相映成趣的景象，形成有机的整体。

5.垂直布置

商业空间中为了丰富空间层次、正确处理空间，可以把植物悬吊起来，这样既可以增添空间的层次感和活力，又可以联系垂直空间（图3–93）。如中庭空间在观光电梯和跑马廊处布置垂直绿化，可以减弱空旷感和生硬感。

图3–90 酒店中庭重点绿化

图3–91 贝尔高林设计的酒店中庭

图3–92 广州某商场中庭绿化

图3–93 广州木棉花酒店

图3–94 某售楼部沿窗景观

6.沿门窗布置

特别是喜阳植物应布置在靠窗的位置，可以使植物接受更多光照，形成室内场景还可以过渡室内外空间，吸引外部的消费者进入空间（图3-94）。

三、商业空间中绿化设计原则

如何选择和布置植物是绿化设计要解决的主要问题。绿化设计的原则如下：

1.根据空间尺度选择植物

空间较高面积较大时可采用体积较大的植物。空间较小时应选择尺度较小的植物。空间比较低矮时不应布置太多垂直绿化。

2.根据空间功能选择植物

植物的特征要与空间的功能相匹配，充分发挥植物的观赏和精神功能。如餐厅可布置观花和观果植物让人心情愉悦、增添食欲。

3.根据空间风格选择植物

植物的形态和气质表现出不同的格调和气氛，在商业空间设计中植物的选择要与空间风格、色彩和氛围一致。如现代风格的大堂种植棕榈、椰子、海枣等热带高耸植物能映衬出空间的挺拔与敞亮（图3-95）。

4.充分考虑植物的习性

室内空间缺乏阳光，不利于阳性植物的生长，所以尽量选用阴性植物和半阳性植物。另外许多植物对空间的温度、湿度和肥力有很严格的要求，选用时一定要考虑植物对环境的适应性。

5.设计绿化的辅助设施

绿化在商业空间中并不是独立的，而是常常与种植器、山石、水景相搭配。绿化辅助设施的尺度、形态和质感应与室内风格和植物形态协调统一。用绿化、水景和石景共同建构复合式绿色景观（图3-96）。“纳千顷之汪洋，收四时之烂漫”，令商业空间充满自然情趣和深远意境。

图3-95 上海金光外滩金融中心中庭

图3-96 北京五洲皇冠假日酒店

[复习参考题]

◎ 掌握商业空间的设计方法和原则。给出一个百货商场的建筑平面图和设计要求，设计此商场的动线、形态、空间、照明、家具等。画出平面图、顶面图、立面图和透视图（透视图不少于四张）。

作业数量：两张（42cm×59.4cm）。

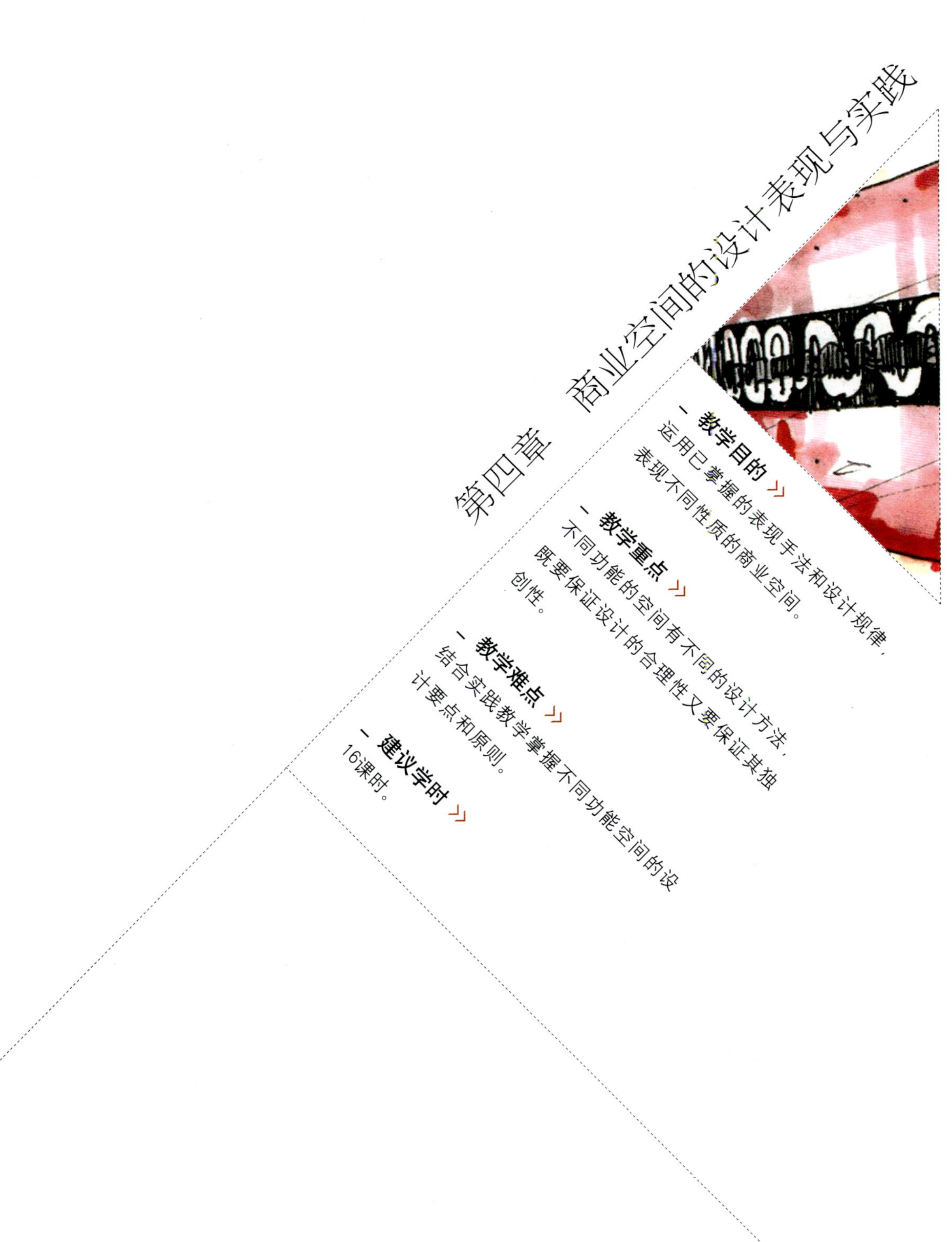

第四章　商业空间的设计表现与实践

— 教学目的 >>

运用已掌握的表现手法和设计规律，表现不同性质的商业空间。

— 教学重点 >>

不同功能的空间有不同的设计方法，既要保证设计的合理性又要保证其独创性。

— 教学难点 >>

结合实践教学掌握不同功能空间的设计要点和原则。

— 建议学时 >>

16课时。

第四章　商业空间的设计表现与实践

第一节 ///// 设计表现

图样同语言一样是交流的手段。对商业空间设计师来说，设计构思最初仅存在于头脑中，设计思维的可视化就是设计表现的过程。设计表现一方面可以帮助设计师捕捉设计灵感、促进思维推进并巩固设计成果，另一方面可以将构思方案传达给相关人员，从而确保设计的使用和落实。

如今商业空间的表现有两大类：手绘表现与电脑表现，熟练掌握这两种表现类型是设计师必备的能力。

一、手绘效果图

手绘效果图是商业空间设计方案阶段的主要表现方法。手绘效果图需要设计师有过硬的美术功底，掌握透视原理、造型基础和配色方法。手绘效果图表现生动、概括、快速且能激发设计师的灵感，能展示出设计师的艺术修养和才情。手绘表现在商业空间设计中应用相当广泛，能帮助业主迅速了解设计者的意图，帮助项目顺利承接。

手绘效果图的技法有以下几种：

1.铅笔淡彩

铅笔是最基本的绘制工具，使用简单，可任意涂擦，又易于表现线的形态和面的光影变化（图4-1）。铅笔淡彩是用铅笔勾勒线条并辅陈明暗调子之后略上淡彩，表现商业空间的色彩和气氛。

图4-1 铅笔效果图表现

图4-2 钢笔淡彩效果图表现

2.钢笔淡彩

钢笔淡彩用钢笔或针管笔勾出轮廓，并用线的组织与排列塑造形态的结构和明暗，表现出商业空间的空间感、层次感与质感，以及形式上的节奏感和韵律感。略施淡彩后效果轻薄透气、清新淡雅，独具艺术魅力（图4-2）。

3.马克笔

马克笔表现一般也是用钢笔线稿打底。马克笔的笔尖呈斜方形，可任意变换线条的粗细，图面效果干净利落、简洁明快。马克笔表现是手绘商业空间的主流，色彩丰富，着色简便、迅速，风格豪放。但是上色后不易修改，所以上色顺序是由浅到深（图4-3）。

图4-3 马克笔效果图表现

图4-4 水彩效果图表现

4.水彩

水彩的表现力比较清新明快，讲究空间的虚实和深远的意境（图4-4）。但是图面经常会存在变脏、水渍、积淀等缺憾。要避免这些问题就要掌握正确的画法，常用的技法有退晕法、叠加法、平涂法等。

5.水粉

水粉的色彩丰富、层次鲜明、覆盖力强，能深入地表现室内环境（图4-5）。水粉透视图表现力丰富、图面饱和浑厚、作图便捷、表现充分，是入门者相对较容易掌握的技法。水粉的常用技法有干画法和湿画法两种。

图4-5 水粉效果图表现

图4-6 喷笔效果图表现

6.喷笔

喷笔表现力比较细腻丰富、明暗过渡柔和、色彩变化微妙、表现效果逼真。喷笔对灯光的表现尤为精彩，以光洁材质的质感表现和色彩的均匀变化见长（图4-6）。喷笔表现的底稿多为铅笔稿，先喷主色调再表现细节最后绘制配景。

二、电脑辅助设计

如今电脑的使用已相当普遍，电脑辅助设计给设计带来了新的革命和新的契机。电脑把设计师从繁重的案头工作中解脱出来，使图面效果更加精彩，几乎可以解决设计中碰到的所有问题，同时也使设计师之间的交流与合作变得简单。

电脑辅助设计在商业空间中的应用如下：

1.电脑效果图

电脑效果图非常逼真，可以媲美照片效果，同时色彩、灯光、造型、材料等表达接近真实，非常直观地表达设计成果。电脑效果图的空间形态最大限度地接近现实，一方面可以让业主容易理解设计师的意图，一方面可以让设计师更好地表达设计理念，同时也让设计师在绘制过程中检验、更新设计方案。

电脑效果图常用3DSMAX或其他基于CAD平台开发的三维软件进行3D建模，3D模型具备与设计场所一致的尺度、形态和材质。这个虚拟模型通过设置灯光和日照系数以及摄像机参数就能渲染成具备材质、光影和透视效果的图像文件。商业空间常用的渲染器除了3DSMAX自带的渲染器外还有VRAY和LIGHTSCAPE。渲染出的图像文件还需要用二维图像处理软件，如PHOTOSHOP进行润色和细节处理，让透视效果图更加生动逼真（图4-7～4-9）。

图4-7 某餐厅电脑效果图表现

图4-8 某卖场电脑效果图表现

图4-9 某酒店电脑效果图表现

值得一提的是室内漫游动画在商业空间中也得到了应用，它是在三维建模过程中加入时间维，表现身临其境的虚拟巡游，通过处理后可用视频软件播放出来。

2. 电脑工程制图

电脑工程制图的应用非常广泛，在商业空间设计中已基本代替了工具手工绘制工程图。常用的电脑工程制图用的是AUTOCAD软件以及基于AUTOCAD平台的相关软件。电脑工程图相比手工制图更加精确、高效和方便修改。随着网络的普及，设计师还能够进行远程设计，AUTOCAD文件兼容性很好，文件容量很小，有利于文件的传输及设计上的交流。

电脑工程制图一般都是在空间构思完成后由设计师上机完善设计构思。商业空间电脑工程制图包括平面图、顶面图、立面图、节点大样图和相关的水电、弱电、暖通、空调图纸等（图4-10～4-12）。

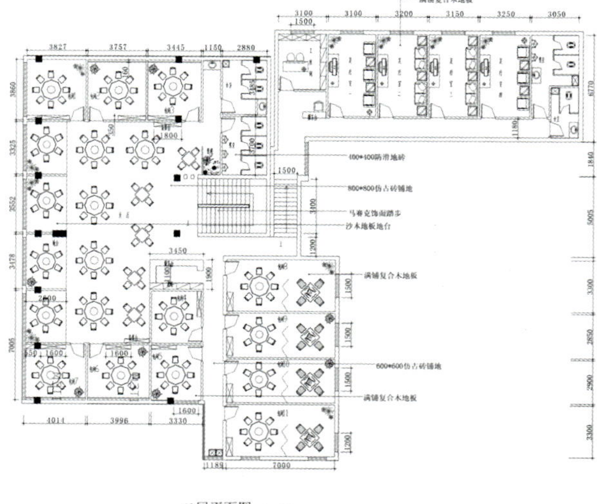

图4-10 某酒店平面图

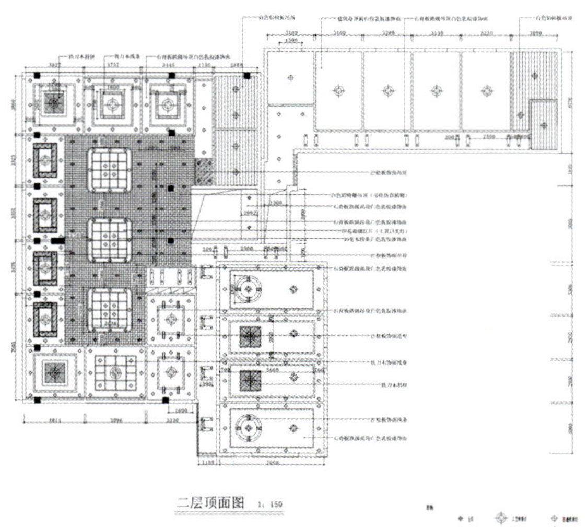

图4—11 某酒店顶面图

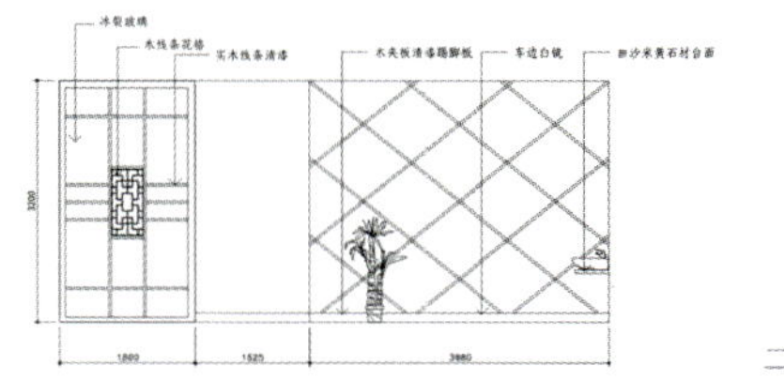

图4—12 某酒店立面图

第二节 //// 设计实践

一、商业卖场

购物场所的设计要注意以下几点：

1.店面与动线

店面是商业空间的门户，经常是商业活动成功的保障。店面设计包含招牌、立面和周边环境的设计。店面设计一定要鲜明独特，具有可识别性。店面和入口处是人流汇集的中心，所以空间尺度宜大一些，并留有缓冲空间（图4—13）。

图4—13 美国某专卖店入口

动线设计应吸引顾客进入空间再吸引顾客浏览商品，并花钱购物最后出店。购物空间常用引导性的动态流线设计来主导消费活动。一般可利用地面和吊顶的造型以及货架的布置来引导顾客，激发消费者的购买欲（图4—14）。

图4—14 武汉群光广场动线处理

2.销售区

卖场的销售形式有开架式和闭架式两种主要形式，根据商品的不同属性采用不同的方式。开架销售是主流的销售模式（图4—15），但是小件贵重物品最好还是用闭架方式（图4—16）。另外，还有超

图4-15 意大利La Perl专卖店

图4-16 法国娇兰香水闭架式陈列

图4-17 光照均匀的卖场空间

市常用的仓储式和化妆品常用的综合式。展柜和展架的设计除了注重功能和美观外还要具备灵活性，以便灵活划分空间，更新功能布局。

3.界面

商业卖场的地面尽量采用防滑、耐磨、易洁的地面材料来组织空间和形成导向性。墙面要着重处理货柜、货架以外的部分和主背景墙，使之独具特色和吸引力。卖场的顶面要采用防火材料如石膏板、金属板等，天花的形态要考虑灯具、空调、强弱电设备、消防等器材的安装与维修。

4.照明

商业卖场的一般照明设计要把握均匀性，充分考虑灯具的色温避免产生眩光（图4-17）。重点照明设计的照度与一般照明的照度之比宜取3：5，充分考虑商品的立体感和质感的表现。卖场的装饰照明的功能性较弱，重点放在照明效果的美观性和灯具、光源的装饰性上。

二、餐饮

餐饮空间是为顾客提供用餐、饮料等服务的场所。消费者到餐饮空间消费不仅仅是为了享受美味佳肴，也解决了人际交往和商务接洽的功能（图4-18～4-27）。

图4-18 传统风格提炼的中餐厅

图4-19 古典风格西餐厅

图4-20 上海花之林茶坊

图4-21 现代风格的中餐厅

图4-22 上海瑞吉红塔酒店咖啡厅

图4-23 香港海逸酒店宴会厅

图4-24 水车屋日本料理店

图4-25 肯德基快餐厅

图4-26 阿里郎韩国料理店

图4-27 喜百年酒店自助餐厅

三、酒店

酒店是一个综合性的商业空间，不但有住宿、餐饮的功能，还有娱乐休闲、购物、商务办公等相关功能。酒店有商务型、观光型、休闲度假型、会议型等类型。根据酒店的建筑装修规格、设施设备及管理服务水平，酒店分为五个等级即星级。不同星级的酒店因档次与投资的关系对设计有不同的需求（图4-28～4-31）。

图4-28 中国大饭店客房照明

图4-29 北京五洲皇冠假日酒店

图4-30 凯悦酒店中庭

图4-31 总统套房会客区

四、娱乐休闲空间

娱乐休闲空间包括歌舞厅、洗浴足疗中心及美容美发沙龙等。（图4-32～4-34）

图4-32 绚烂亮丽的夜总会

图4-33 台湾某洗浴会所

图4-34 日本某美发沙龙

[复习参考题]

◎ 掌握商店空间的设计方法和原则。给出建筑平面图和设计要求，设计一个小型的时装店。画出平面图、顶面图、立面图和透视图（透视图不少于两张）。

作业数量：1张（42cm×59.4cm）。

第五章　商业空间案例

— 教学目的 »

运用已掌握的表现手法和设计规律，表现不同性质的商业空间。

— 教学重点 »

不同功能的空间有不同的设计方法，既要保证设计的合理性，又要保证其独创性。

— 教学难点 »

结合实践教学掌握不同功能空间的设计要点和原则。

— 建议学时 »

16课时。

第五章　商业空间案例

第一节 ///// 金茂深圳JW万豪酒店

2009年金茂旗下共拥有五家高级五星级酒店，客房数达到2500间。这些酒店均位于城市精选区域或旅游胜地，为客人提供“高雅尊贵，独具品位”的完美服务。JW万豪酒店品牌是在万豪酒店品牌的基础上升级后的超豪华酒店品牌，向客人提供更为华贵舒适的设施和极有特色的高水准服务。

HBA对酒店的设计既汲取了JW万豪品牌的精髓，又与深圳的气质非常契合。酒店不但能为豪华旅客提供一个令人羡慕、无比舒适的下榻场所，还能把深圳这座现代中国都市的活力传达给造访的客人。

HBA汲取中国传统庭院中广为使用的“层层延伸，移步易景”理念的精髓，但不拘泥于传统，而是采用大胆而当代的手法对传统元素进行现代的演绎。酒店摒弃了常见的宽敞酒店大堂和奢华的吊灯，采用大量的流畅线条和几何对称，极具视觉冲击力，营造出“空间里的空间”。

酒店大堂风格鲜明。银色树叶纹金属幕墙把整个两层的中庭包裹起来，并且一直延伸到酒店的入口，把酒店石质的外观和内部连接起来（图5-1～5-7）。

图5-1

图5-2

图5-3

图5–4

图5–5

图5-6

图5-7

第二节 ///// 香港W酒店

W酒店是国际酒店集团喜达屋旗下的“时尚设计酒店”品牌，以与知名建筑师、室内设计师和艺术家合作而闻名。1998年在纽约开了第一家店，只在全球几个现代大都市设有不到20家，每个都风格迥异，往往是时尚人和艺术爱好者的旅行必达。

酒店的设计灵感源自自然。当开始设计这间五星级城市酒店时，设计师就想着要把自然融入建筑，构建出一个现代、迷人且抽象的手法去表现自然元素，构建精致且魅力无限的城市绿洲。

酒店在丰富的建筑建材中融入了各种自然元素，使酒店外观变得魅力无限。自然元素点缀处处，由树枝状木结棍围成的玻璃箱子状外墙，构筑出酒店立面的外形特征。由木质围成的玻璃屏幕共两层，构建出一个令人印象深刻的抽象森林。

酒店首层表达着“地球母亲的能量”这一主题，斜纹装饰墙镀有属于土壤不同颜色的涂层，土壤象征着时间之汐的消逝。酒店装饰支柱如树木般有力地扎根在酒店的地板上连接着地基，为整个空间散发出生命的力量。

专为顾客而设的楼层电梯融合自然，连接着诠释不同自然主题的各个楼层，赋予顾客超现实的体验。酒店第七层表达出“自然母亲的润泽”这一主题。这一主题融于酒店的装饰墙面板当中，赋予顾客平静的感受。酒店第八层表达出“抽象花园”这一主题。花园静谧而富有智慧（图5-8～5-14）。

图5-8

图5-9

图5—10

图5—11

图5-12

图5-13

图5—14

第三节 无锡灵山元——希尔顿逸林酒店

酒店位于无锡市滨湖区马山太湖国家旅游度假区，地处长江三角洲腹地，背倚庄严的灵山大佛，东临上海，西接南京，南依太湖，北靠长江。

酒店的发展商虔诚于东南亚建筑风格，在中国开发有多间酒店并希望将其融入这一风格主题。设计师认为，仅仅把地道的东南亚建筑风格赋予地处中国的酒店是不正确的，也是没有意义的。因此，设计师对太湖文化进行了大量的研究，最后终于得出一个解决方案，那就是把东南亚元素与当地中式风格相结合。

酒店开业时间为2009年，共有客房总数487间（套），标间面积45平方米。酒店设计出两种不同类型的房间以及统一标准的楼层走道。走廊和房间的地毯图案就如在太湖湖面舞动的阳光。设计师把传统的船桨和舢板木船作为走廊的设计元素，把深色的木门和挡板融入地毯的粼粼波光之中。

酒店客房有意以乡村淳朴的风格进行装饰，反映湖畔酒店这一特色，有别于清一色充满异国风情、铺设有抛光石材的都市酒店。粗犷的家具营造出简洁的原始美感，与酒店的田园风格保持一致。

VIP别墅位处酒店西侧，是该酒店设计任务的最后一环。设计师对酒店原有的结构设计进行简化，移走多余梁柱，为别墅构建出开场的空间。同时还采用在酒店客房运用过的设计美学手法，为顾客制造出难以忘怀的酒店体验（图5-15～5-21）。

图5-15

图5—16

图5—18

图5—17

图5–19

图5–20

图5–21

第四节 ////// 香港天际万豪酒店

香港天际万豪酒店是香港国际机场航天城内主要的大型建筑之一，毗邻亚洲国际博览馆和即将落成的海天客运码头，地理位置优越；在设计上则配合会议酒店的定位，并附设休闲设施（图5-22~5-25）。

图5-22

图5–23

图5–24

图5–25

第五节 GEOMETRY男装专卖店

“GEOMETRY”（几何形）的名字表明委托方对数学颇有研究。当plajer&franz工作室被委托为这个新零售店做设计创意时，几何形式是他们从委托方得到的唯一的设计信息。这个项目是一座经营Gaspard Yurkievich、Irie Wash、Y3和Won Hundred品牌的概念小店。设计中使用了John Galliano的装饰品，也使用了如Gijs Bakker和Arik Levy这样的当代设计师设计的家用品。许多店铺尤其是柏林的店铺都千篇一律地选择了Shabby Chic式效果（该效果由未粉刷的墙和枝形吊灯装饰天花板表现），plajer&franz工作室却标新立异地营造了一种完全不同的感觉。

“GEOMETRY”让人觉得它的主人一定是一个疯狂却非常有品位的人，进入“GEOMETRY”，如同是第一次去教授——而且是一位数学教授的家一样令人惊奇不已。这位教授不仅神秘，而且对比例的把握和氛围的表达都有高雅的品位。他收集了各种跟分析、探索和计算相关的奇怪的东西，像骷髅照片和稻草人的灯。每一样东西都表现了对称（骷髅）和不对称（成角度放置的铜镜形成的叠加反射）的效果。而且每一样设计都非常时尚——泥巴色的墙、黑木地板和漆白的橡木家具。正是由于等候区里由小地毯和sputnik灯等元素营造的家庭氛围，才达到这样独一无二的效果。新奇、积极、前所未见的设计更能让客户过目不忘。客户会情不自禁地想要去体验设计带来的新鲜感觉（图5-26～5-31）。

图5-26

图5-27

图5-29

图5-28

图5-30

图5—31

第六节 ///// 首尔10 Corso Como

10 Corso Como原本只是米兰的一家商品售卖场，如今在Kris Rushs的努力下，变身为首尔的时尚商业中心。

图形在此处无处不见，它既是10 Corso Como的商标，也是Kris Rushs对“零售——艺术——就餐”概念的早期贡献，同时也是他设计生涯中永不厌倦的符号。圆形如魔法在空间中显现，没有一丝人工的痕迹，呈现出一种自然的秩序感，成为设计的一个自然组成部分，人们不禁会问，它是否只是奇异地出现，而没有人的思想干预（图2-32～5-35）。

图5-32

图5—33

图5—34

图5-35

第七节 ////// Central Festival Pattaya Beach Mall

芭堤雅海滩假日中心商城是亚洲最大的海滩购物商城，拥有200多家店铺，为游客提供优秀的、真正创新的零售服务。它从2009年1月23日开业以来就成为芭堤雅的城市地标和游客必游之地。

项目的设计灵感来源于泰国的度假生活方式，融合了城市旧有的结构和大海的天然气质。商场共有八层，分为不同的功能区域，如娱乐、时装以及其他生活方式区，商场外的公共广场则可让游客感受海滩的氛围（图5-36～5-42）。

图5-36

图5—37

图5—39

图5—38

图5-40

图5-41

图5-42

第八节 ///// 西安阿林鼎满香餐厅

本案位于中国西安南门广场旁的CBD玻璃建筑群内，直接面对着久负盛名的迄今保存最为完整的南门古城墙，餐厅的现代风格与古代的城墙形成了鲜明的对比。

餐厅主要经营海鲜火锅，与以往同类餐厅不同的是，本案业主不要求热火朝天的就餐场面，反而强调安静私密的高端用餐环境。业主认为，火锅比起同类的高档粤菜，从气氛上更可以拉近宾客之间的沟通距离，并希望设计立意能够强调“冷暖结合，干净素然”的感觉，所以设计师以冰水与暖色作为切入口（图5－43～5－48）。

图5－43

图5-44

图5-45

图5—46

图5—47

图5—48

第九节 ////// 香玉花园酒店

本案设计不追求奢华，仅利用平凡自然的质感来表现建筑的独特个性。色彩的明亮与厚重，肌理的粗糙与细腻，每一处空间的设计都通过心灵的触动来表达别样的人文情怀（图5-49～5-54）。

图5-49

图5-50

图5—51

图5—52

图5—53

图5—54

第十节 ////// 台湾九昱十美接待中心

九昱十美位居文山区核心，邻近马明潭山亲山步道，树海围绕，宁静清幽。距离台北信义计划区开车只要10分钟的距离，让住户既能与时尚繁华同步脉动，又能亲近自然，享受山水景观之美，更拥有台北市难得一见、千坪绝美的基地，并以十大艺术珍藏、顶尖建筑工艺完美呈现一如美术馆与精品饭店般的低调奢华与简约贵气。

接待中心位于山坡之上，自然植被丰茂，依山就势做建筑规划本是顺理成章，而设计师做出了更让人感动的尊重自然的设计。底层钢架托起一个箱体式的长条空间，原生的大树得以继续栖居在这片土地，它们可以在建筑的周边、建筑的底部、入口大堂肆意生长，调皮的枝丫甚至登堂入室，伸入建筑预留的洞口，向室内好奇地张望，自然生命带来的律动，是造物主赐予人类的礼物，它的价值不能用价格去衡量，因为它是无价的。

接待中心外观以白色格栅做装饰，干净素雅，绝不喧宾夺主，镶嵌其上的方体结构是模型区向外延展的一部分，在夜晚透出明亮的灯光，变成一个漂亮的发光体。顺着坡道走向入口处，前后通透的入口前庭，就像一个相机的取影框，可以直面对面的山林书海。站在这里纵览苍翠如画的壮阔美景，感受清风拂面，都市的喧闹烦躁就此一扫而空，换一个快乐的心情步入接待大厅。

接待大厅开阔明亮，地毯、墙身、天花均以大地色系为主调，亲切沉稳。入口左侧为一排木色销控台，质朴而亲切，右侧的布艺沙发与木质茶几构成一个轻松舒适的接待区。悬挂在天花板上的环形装饰与入口大门上的环形装饰相互呼应，增加了空间的趣味性与圆融感。

中心走道一直向里延伸，以木作格栅隔成一进一出式，加强了空间的纵伸感，让来宾的视线紧紧锁定住过道尽头的黑色马头灯。

沿着中心走道向前，过道一侧是开阔的自然景观，另一侧模型区、洽谈区、贵宾区依次排开，在青葱美景左拥右抱之际，想来洽谈购买房的人也是一派春意盎然的大好心境。

在接待大厅接待台的边侧，是通往二楼的楼梯，清透的玻璃扶手与白色台阶的搭配令空间显得通透明亮。圆形孔洞中探出来的一株绿意，立刻使空间透出勃勃生机，成为楼梯转角处最美的端景。转过楼梯才发现这样的孔洞居然有三个，带着绿叶的枝干向来宾招手，让攀梯的脚步变得格外轻松。给自然以孔隙，自然将回报以无限惊喜（图5-55～5-65）。

图5-55

图5-56

图5—57

图5—58

图5-59

图5-60

图5-61

图5—62

图5—63

图5－64

图5－65

参考书目>>

「 张品主编.环境设计.室内设计与景观艺术教程·室内篇.天津大学出版社.2006

来增祥、陆震纬编著.室内设计原理.中国建筑工业出版社.2006

张绮曼、郑曙旸主编.室内设计资料集.中国建筑工业出版社.1991

周昕涛编著.商业空间设计.上海人民美术出版社.2006

张志颖主编.商业空间设计.中南大学出版社.2007

郭立群编著.商业空间设计.华中科技大学出版社.2008

赵慧宁、赵军编著.现代商业环境设计与分析.东南大学出版社.2005 」